U0115585

松弛感

拒绝紧绷，允许生活中的不确定

郝培强 著

湖南文艺出版社
HUNAN LITERATURE AND ART PUBLISHING HOUSE

博集天卷
CS·BOOKY

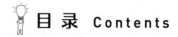

目录 Contents

第 二 章

自我驱动：
摆脱拖延和畏难

第 三 章

终身学习：
用长线思维看人生

第 四 章

自我悦纳：
与不完美和解

自序：

每个人都是超级英雄

　　我祖籍是四川绵阳的小县城梓潼，不过我生在天津。我父亲是中海油塘沽公司的职工，那时候叫作渤海石油。而我的母亲没有城市户口，还是农民，所以，我们家不能分配房子，我们住在渤海石油专门给单职工家属开辟的一块区域——农场。我母亲务农，我父亲上班。渤海石油是一个非常大的单位，当年光是这样的农场就有十来个，我们家在其中一个农场，这个农场有几十户，算是比较小的农场。

　　考大学那年，我估分的时候，觉得自己没有过本科线，本来是很惶恐的，有一种父母培养了多年，最后自己成了一个残次品的感觉。后来分数线下来，我还是过了本科线的，不过分数并不高，选择不多。我可以去天津的几个保底的学校，也可以去西南石油学院（现改名叫作西南石油大学）。西南石油学院在石油系统里面是排行第二的学校，家里人觉得如果上西南石油学院的话，我未来进渤海石油的机会比较大，于是我就去了四川南充上学。

其实我并不算很有想法的人。后来，在大学因为沉迷电脑，数学以及其他的课程我都旷课颇多，造成最后挂科无数，甚至毕业一度都成了问题。我父母曾有一次被叫到学校去见老师，他们颇为失望，本来觉得我从小都还算是个让人省心的孩子，但是突然之间就变成了问题少年。那时候我们有一次深谈，我父母甚至告诉我，如果我真的被退学了，要去找电脑相关的工作，他们也会支持我，但是我当时已经大三了，能糊弄过最后一年就糊弄过去吧。于是，最终我还是毕业了。

那件事情使我发现，我是一个表面随和，但是内心非常坚定的人。我没有办法推翻我对这个世界的理解，当我对那些科目失去了兴趣，当我对大学失去了兴趣，我很难装出我喜欢它们的样子。这对我后来的择业产生了很大的影响。

这个影响就是，在毕业双选的时候，我甚至不想走进双选会场，我们学校的双选会，我一场都没有参加，倒是跟着几个同学跑了几次成都，也没有特别心动的感觉。于是毕业以后，我没有选定工作，在家里窝了3个月，直到有一天，我妈用扫把打了我一顿，赶我出门去找工作，我才出门。

我随便投了一份简历，然后在天津的一家公司上班。后来，我又去了北京，在北京飘零了7年以后，去了上海，在上海干了4年。

2014 年，我们高中同学组织 20 年再回首的大聚会，班级 40 多人来了大半，感慨唏嘘之余，可以发现，我的高中同学大部分都留在了石油系统内部，即使不在中海油塘沽公司，也在中海油的其他分公司，或者中石油、中石化。很多人娶了学妹或者嫁了学长，或者找了单位内部哪个叔叔的儿子或者女儿。而我就颇为飘零，这些年，换了无数个地方，熟悉了一帮朋友，然后分开，熟悉了一帮朋友，然后又分开。慢慢地，我身边都没有几个相处超过 5 年的朋友。

一是忧，二是喜，忧的是感觉自己太飘零，喜的则是自己终于跳出了一个循环。去年跟父母回四川老家的时候，路边的老人往往是他们的旧相识——小学同学或者生产队的好友，而我父母也在外面几十年。庄周好还是蝴蝶好呢？谁也不知道，我们都有自己的人生。

我曾经去过一次安徽农村，朋友的父亲还在家里务农，他自己打理了很大一块玉米地，我们去的时候，他刚好收了很多玉米回来，有几车那么多，我问他这些玉米要是吃可以吃多久，他说吃几年都吃不完。我又问他卖能卖多少钱，他说只能卖 2000 多元的样子。当时，我对物力艰辛和农村的经济困境就有了非常清楚的认识。

村子里面有不少让我艳羡的小洋楼，朋友指给我看，说这是他大哥的，那是他二哥的。我说："你们家孩子很不孝顺啊，你大哥二哥住这么大房子，为啥你父亲住一个破旧的院子呢？"他说："你看那两个房子那么大，我爸要是想住的话当然可以，但是只有他们老两口加上我大哥的孩子住，他们觉得住人房子太浪费啊。"

房子看起来很新，我就问他是什么时候盖的，他说是 10 年前他大哥结婚的时候盖的，两口子住了几天就去打工了，一直没再住，5 年前翻新过一次，最近在考虑要不要再翻新一次。这也是一种循环。

城市的人也在某种循环之中。大多数人毕业以后就开始考虑买房，自己挣钱或者家人出钱，买一个小房子。然后一生都在还房贷，挣钱争取买更大的房子。等到买了大房子，孩子也大了，需要上学了，这时候发现学区不够好，只好再攒钱买一个小学区房，全家搬过去。最近这几年，新的循环产生了，以前家长是当孩子上大学的时候把他们送出去，后来是高中，现在是初中，家长们甚至开始考虑孩子一上幼儿园、小学，就让他们去双语或国际学校，等等。

我知道每个人都难以超越自己的时代、经济阶层，但是我一直在努力跳出一个又一个循环，走自己的路，很多时候并不顺利，也很艰难，甚至会后悔，但是也有快乐的部分，也有窃喜的部分。

什么是超级英雄？真的要会飞吗？真的要两眼会喷火吗？

我们都会恐惧，都有不喜欢做的事情。谁不喜欢空调房呢？我超爱空调，我认为人类最伟大的发明就是空调。当你为了一个目标，走出舒适地带的时候，你就是超级英雄。

这世间那么多伟业，都不是三头六臂的人创造的。

前两天，有人说鸡汤都是假的，家里有钱和有天赋的人都太强大，根本轮不到拼努力的人。

是的，也许终我一生，都不能比一些人有钱。

所以，我们就应该洗洗睡了，不要幻想，不要努力，不要继续前行吗？

当然，如果你真的喜欢这样也没啥不好。

但干吗要跟别人比？你比昨天的自己更聪明，更有学识，更有能力，不也是伟业吗？

戴上耳机，走在喧嚣的街道上，看着旁边走过的人流，我总是想，你们以为我也是庸碌之辈吗？你们知道我多么伟大吗？我曾经无数次战胜自己，我的奋斗没有尽头，我不可阻挡。

时至今日，我才明白，我们的伟业不是改变世界，而是持续地改变自己，push（推动）自己到新的 limit（限度），寻找并扩展自己的边界。改变世界这样的小事情，只是我们前进中的副产品而已。

第 一 章

提高认知：
实现
高效成长

30 分钟原则
和不争论原则

做公司这几年，我最大的体会是，这世界上大多数问题都不是技术问题，也不是经济问题，而是人的问题。

我从小喜欢电脑，因为电脑非常简单，无欲无求，你让它做什么它就做什么，从来不跟你吵架，也从来不质疑你的决定。

但是，人是不同的，每个人都有自己的价值观，自己的利益，自己的想法，自己的目标。跟人打交道比跟电脑打交道难多了。

但是，人是社会化的动物，没有人能脱离其他人存在。就拿"宅男"说吧，都以为"宅男"每天窝在家里，不跟人打交道吧？其实也不是，如果没有各种外卖店，各种电商，"宅男"根本不可能生存。我之前看了一个 TED（技术、娱乐、设计）演讲，觉得非常有启发，这个演讲说，人类在动物界并不是什么出类拔萃的动物，甚至可以说是单兵作战能力为零的一种动物，但是人类有了协作，才战胜了其他的动物，成了世界之王。

而人怎么去协作呢？什么是协作呢？所谓协作，就是不同的人为了一个相同的目标，一起做一件事情。所有的协作都是从沟通开始的。如果我不能告诉你我要做什么，你不能告诉我你要做什么，我们谈什么协作呢？人类的协作，往小了说，为了让我吃饱，也为了让饭馆挣钱，我付钱给饭馆老板，他给我做饭吃。往大了说，一个石油公司可能有几万人，不管他们各自在做着什么具体的事情，他们都服务于"寻找、开采和销售石油"这么一个大的目标。

我们再返回来说沟通。我认为很多事情做不好的原因，就是大多数人虽然会说话，但是不会沟通。

为什么要沟通？沟通的目的应该是什么？

沟通是因为我们不同的人有不同的价值观，对事物有不同的看法，有不同的利益、不同的想法，但是要生活在一起，要一起做事情，所以我们互相交换意见。

而沟通的目的是什么呢？很多人以为沟通的目的是说服对方，那就错了。如果两个人的价值观迥异，说服对方就是完全不可能的。同时，协作，或者说一起生活，一起做事，也没有必要说我们都是价值观完全相同的人。这世界的美妙，很大程度上就在于有无数价值观迥异的人一起努力，才创造出丰富多彩的文化。

沟通的目的应该是每个人心平气和地说出自己的诉求，大家寻找其中的平衡点，找到大家都可以接受的方案。

太多的争吵来自：

1. 试图说服别人；

2. 不听完别人的诉求，就开始反驳。

我之前在演讲里推荐过《思考，快与慢》（*Thinking, Fast and Slow*）这本书，看完这本书，我最大的收获就是知道人类的大脑存在远古大脑和现代大脑的区别，远古大脑反应很快，但是很不聪明，不能做复杂的思考；现代大脑反应很慢，但是可以深思熟虑，做出对自己最好的选择。我们仔细思考就会发现，大多数的争吵都是因为远古大脑充分做主。对方说了一句话，也许这句话还没说完，你就开始反驳，为啥？因为远古大脑觉得你被攻击了，马上进入了反击模式。而对方听到了你的反击，因为在气愤中，对方也迅速进入了反击模式。然后，两个人就开始你一言我一语地吵了起来。

如果你能把你们的争吵过程全部记录下来，过几个小时以后心平气和地去看，我想你多半会发现，你们双方说的大多数话都是没有道理的。我们一般把这叫作不走脑子。实际上，在这种激烈的争吵模式下，你们都不使用成熟的现代大脑，确实可以叫作不走脑子。

怎么解决呢？

我的方案有两个，第一个叫作 30 分钟原则，第二个叫作不争论原则。

30 分钟原则，往往用在我跟一个陌生人第一次接触的时候。我往往会在前 30 分钟不发表任何实质意见，以询问和用"嗯""OK（好的）"之类的词，用简单的以回应为主的方式来进行沟通。往往会在 30 分钟以后，我感觉基本上已经了解了对方的主要意图和全部诉求，才开始进行系统地回答和阐述。这样听起来很慢，但是往往因为此时我的回答已经包含了对对方意图的完整理解，所以后面的沟通非常高效，不管我是否可以满足对方的诉求，都给对方一个很专业和很靠谱的感觉。

不争论原则也可以用在两个人讨论的情况下，而更多的时候，更适用于有很多人的讨论环节上。我们事先说明，大家沟通的目的应该是各自说出想法，而不是反驳对方，甚至贬低对方的人格。即使你不认同其他人的观点，也请把表达的重点放在阐述自己的观点上，而不是反驳别人的观点。尽量不使用"我反对某某的观点"这样的语句，直接阐述自己在这个问题上的想法。

使用这两个原则以后，我发现我的沟通效率提高了很多。希望大家也可以学习如何提高沟通的效率。人生苦短，看自己喜欢的书，不是浪费生命；吃美食，不是浪费生命；去旅游，不是浪费生命；做一切自己喜欢的事情都不是浪费生命。但是陷入低效的沟通和令人不快的沟通，是最浪费生命的一件事情。

认清自己，
才能理顺生活

　　我们一直在讲应该不停地改进自己，但是如果你不了解自己，改进自己就是一句空话，我们首先应该学会正确地认识自己。也许有人看到这里就把这本书放下了，毕竟这听起来很像傻话，谁不了解自己呢？还需要别人来教吗？

　　我要告诉你的是，大多数人都不能正确地认识自己，认识自己是一件非常难的事情。

没有镜子的话，我们活在茫然里

　　作为一个不爱照镜子的男人，我非常有发言权。我其实一直不太知道自己长什么样子，所以每次照相以后，我都会很疑惑，我这么胖吗？我长这个样子吗？我记得我是一个非常俊朗的男子，怎么突然就这么胖了？

仔细思考后，我发现，原来是我太不喜欢照镜子了，大多数时候我不知道自己长什么样子，所以，突然照个相，或者照下镜子我就会被自己吓到。

　　大多数女孩都喜欢照镜子，可能女孩们很难从上个事例中体会这种感觉。但是很多人应该都没有录制过语音节目，如果没有录制过，你们可以做一个非常简单的试验。

　　打开你的手机，iPhone（苹果手机）的话，打开语音备忘录，Android（安卓）手机的话，应该也有类似的软件。用最平常的语调、语气录制一段你自己说的话，然后回放一下。大多数人会觉得，这是我说的话吗？为什么跟我自己的印象完全不同呢？但是，你把这个录音放给朋友听，他会告诉你，这跟你的声音完全没有区别。

　　这是为什么呢？因为每个人听到的自己的声音，都是通过头骨传导的，另外，你真实的声音也会传导到空气里，再回到你的耳朵，所以，你听到的自己的声音跟录音设备以及别人听到的你的声音是不同的。

　　大多数人第一次听自己的录音时都非常惊讶。我录了这么多年音以后，还经常不习惯听到从设备里传来的自己的声音。我相信这可以佐证一点，就是自己认识自己之难。

　　同样的情况发生在无数的事情里，如果你不参加一次英语考试，只是估计自己的英语水平，你往往会高估自己的水平，因为你会根据你的英语水平选择适合你阅读的材料，就会得到一个自己英语很流利的假象，但是考试的时候，出题人会选择更有代表性、更杂糅的样本，你也许就会发现自己的问题了。

历史上最灵的一种减肥方法，其实很简单，就是每天早晨称体重，如果比昨天重了，今天就略微加大运动量，同时控制一点饮食。但是，这个方法要奏效，需要做到三件事情：用精确的秤，精确记录运动量，精确记录饮食。如果你吃了一根冰棍，你觉得这个无所谓，不去记录，这个方法就肯定不会奏效。

镜子是什么？镜子就是客观世界对我们的评价。

你在画眉毛的时候，不照镜子，你肯定会画歪。

减肥的时候，如果你不把天天记录体重、记录运动量、记录饮食当作镜子的话，你的体重肯定会在一个重量范围内浮动，而不会持续地下降。

我们学习的时候也是如此。所以，学校不停地安排考试，就是想让老师知道你学得怎么样，如果你学得不好，老师就可以辅导你，督促你。更重要的是，让你知道自己落后了。

但是，我们更多时候是把考试当作达成下一级目标的手段，忘记了考试最大的意义。你应该每天都努力地学习，但是你也需要时不时地考考自己，看看自己有没有进步。

我经常劝一些年轻人，多去面试，不用在乎面试是否成功，主要在于在面试的时候找到自己与别人的差距。大多数人都不接受这个建议。但是，他们天天问，某公司要求到底有多高啊，我怎么才能进去啊？这些问题的答案很简单，你去面试不就知道了。你要是怕这个公司嫌弃你去面试太多次，那很简单，你去一个水平类似，但是你暂时不想去的公司面试不就好了吗？

注：这世界上没有完美的镜子，前文是在讲，照镜子一定比不照镜子好。但是照镜子也解决不了所有的问题，有时候你需要照各种不同的镜子，多照镜子。（用不同的标准来检测自己，持续检测自己。）科学研究发现，人的眼睛和大脑会美化自己在镜子里面的图像，你会发现自拍照和镜子里的图像是不同的。所以，相机可能是更好的镜子。

自省的力量

前些日子，我的一个朋友在做一个关于 remote working（远程工作。无办公室，全员网络联系、不见面的工作方式）以及自由职业者的工作状态的研究，她找我做了一个访谈。我介绍了我们公司的一些管理经验，她很惊讶。我也跟大家分享一下。

我们公司没有办公室，全员都没有上下班时间，理论上你可以一天不工作，也可以玩一整天，不打卡，不计工时（除按工时付工资的兼职员工外）。我们全员都不定期见面，也没有 Skype 视频会议等。我做的主要管理工作就是要求每一个人写日报，每天都写，而我一般情况下不回复。

下面是我公司员工的典型日报：

2015−08−01

没有干活。

2015−08−02

没有干活。

2015−08−03

1. 解决了横屏显示的问题。

2. 原来 UIkit（一种前端框架）出现 bug（漏洞）的原因是，本来 Android 就支持转屏，UIkit 只需要修改一下 "window_Layer" 的 size（规模）就可以了。但是原来的代码首先修改了 "window_Layer" 的 transfer（屏幕错位），然后再修改 UIWindows 的 transfer 抵消之前的修改（类似负负得正）。无法理解这么做的意图。

很有意思吧，"没有干活""今天心情不好，没有干活""今天看初音未来演唱会，没有干活""今天不舒服，没有干活"之类的语句，在我们的全职员工日报里面超级常见，可以写理由，也可以不写理由。

我对日报的要求是：

1. 必须诚实，没干活就写没干活，干了多少活就写干了多少活，我们不会因为一个员工写了没干活就不发他那天的工资，因为我知道没有人可以精神饱满地天天工作。

2. 必须写清楚细节。

3. 必须每天都写，如果哪天漏了，第二天要补上。

一般人会觉得这么松散的要求，一定会让公司的项目天天 delay（延期）吧，错了，我们的项目从来不 delay，我们也从来不加班。我跟很多业界高手交流过，他们都难以相信我们用这么少的人力和时间完成了这么多的事情。

我们不招不能自主学习和自主工作的人。所以，他们值得尊重，他们可以在没有人监督的情况下做事情。

但是，更重要的是这个日报系统的意义。这些日报虽然是他们每天发给我的，但是核心意义在于给他们自己看。

曾子曰：吾日三省吾身。

我曾经跟我的 CTO（首席技术官）讲，虽然你是一个很自觉的人，但是如果不认认真真地记录自己的工作，你肯定无法持续稳定地产出。在工作状态好的时候，你可能天天都产出惊人，但是在工作状态不好的时候，你就可能一天都没有产出。这本身不可怕，可怕的是你明天就忘掉了，以为自己昨天很努力，所以，你也很懈怠。慢慢地，你就可能陷入一种状态而不自知。

他跟我一样都在情绪好的时候很自觉，但是在情绪不佳的时候就会陷进去。持续地自省，会让我们这种人变成产出非常稳定高效的人。

我不写日报，我自己有一套工作系统，叫作 one plan（单一计划）。我把每天要做的一些小事列成表，每天自觉重复，这样我才能保证每天都有足够的英语学习量、日语学习量等等，学习状态也变得非常稳定。

在这套系统的帮助下，我看了数百个 TED 视频。我的微信公众号也是如此，本来是写着玩的，写出感觉以后，就无论如何都逼着自己一天一定要写一篇。

如何用一年时间
获得十年的经验

我一直喜欢跟优秀的人来往，喜欢和非常优秀的人一起工作，因为我是一个非常懒惰的人，而我知道跟非常优秀的人一起工作的时候心情会非常愉快。

优秀人才的特征：极强的学习能力

我自己创业的时候，招的第一个员工，毕业于漳州的一个职业技术学院，在那个不是很发达的地方，他自己学会了怎么做 iOS 开发，并把自己的软件在 APP Store（苹果应用商店）上线。

后来我看这个软件做得还不错，他的学历不太高，也没有什么背景，我都不知道他是怎么学会这些东西的。然后我开始给他"喂"一些材料，让他一点点地做一些项目，我发现这样的人也是没有什么极限的，于是我交给他做的东西越来越难。

后来我发现，在这个公司里我终于不用再做主要程序员了，我终于找到了一个编程水平和我差不多的人，我不干活的人生目标终于达到了。

所以这些年来，我一直在想怎么样把人变得优秀。我想要和优秀的人合作。

有人问：这样的人你怎么找得到呢？

前两个月，我验证了这么一个流程：让所有人远程工作起来。于是我就在论坛里发了一个帖子，说我认为远程工作是这个世界的未来，我们下个项目要找两个远程工作的人。

当天晚上我就收到了 6 份简历，但是其中 5 个都不是我想要的人。我就和最后一个人聊，他是做 Java（一种编程语言）后端的，但是这个小伙子很无聊地在他的博客中写了一系列如何一步步应用 Java 的文章，共 35 篇。

这的确不是什么特别难的事情，但是我从来没有见过一个人可以把这样的副项目（side project）做得这么干净、整洁，每一步都写得非常清楚。

所以我就和他说，我觉得他是我们想要的人，他问我们的项目要做什么。我告诉他我们要做一个把 iOS 直接编译成 Android 的项目，让他看了一个关于这个项目的视频。

过了 5 分钟，他回邮件说，他觉得很难，搞不定。我说："我相信你可以搞定，我给你两个星期的时间去学 iOS 开发，你不需要学到非常难的东西，只需要学到可以做一个最简单的 iOS APP（应用），就表明你会做 iOS 开发了，就能进我公司了。"

两个星期以后，他做了一个 APP，并写了一篇文章来解释这个 APP 是怎么回事。看完这篇文章之后，我和我们的 CTO 说这个人就交给他管了。

我特别喜欢这样的人，所以我在想这样的人到底是什么样的人。

有段时间我过得不是很顺，我就在想怎么样可以让自己过得积极快乐。我发现这就是一个我能不能征服一些我之前征服不了的事情的过程，比如我能不能通过走路锻炼把这身肉减下去，一开始走一两万步，累得吐血。后来我陪一个小朋友去逛外滩，回家发现我走了 3 万步，但是一点事情也没有，这是我之前想象不到的事情。所以我开始写一本很鸡汤的书。

我对这个世界的理解是，在这个世界太容易活下来了，可是对很多人来说不是这样，问题出在哪里呢？在于这个世界变化得太快。

在 iPhone 出来之前我觉得手机应该是一台电脑，但我不知道手机应该是一台怎么样的电脑，iPhone 出来之后我觉得就是这样。我相信那个时候没有人会相信 iPhone 可以把诺基亚搞死，但它做到了。但我相信这只是伟大产品的很小一部分成就，iPhone 把日本的 DC（数码相机）和 DV（数码摄像机）搞死了，这才是伟大产品真正的成就。

大家打过 Uber（优步）吗？我觉得 Uber 其实就是我们以前想象的未来智能世界的样子，随时随地都能够打到车。从一个程序员的角度讲，我们应该在出租车的计价器上装一台电脑。

但实际上这个问题是怎么解决的呢？每个司机都有一部手机，这部手机并没有强到成为装在车上的一台电脑，但这部手机联结了每一个人。这个世界正在不停地变化。

什么都有可能，做一个高级程序员很难吗？一个黑人，可能在美国街头打架，也可能是奥巴马。你想想一个美国街头小混混要变成奥巴马有多难，他需要跨越的阶梯更多。你见到的每一个比你更优秀的人，都天赋异禀吗？我不太相信这件事情。

我见了太多优秀的人，我不认为他们天生智商比别人高，但是我觉得他们的学习方法、对待事情的认真态度是不可多得的。我不知道高博之前在大学挂了 11 门课，我在大学也挂了 11 门课，我是我们大学里唯一一家长被叫到学校的学生。

我到校门口接我爸妈，我爸妈当时觉得特别丢人。但是走着走着，遇见两个人对我说"郝老师好"，我爸妈特别惊讶。那两个人去听了我当时在另外一个系做的关于 Word、Excel、Powerpoint（微软文档、表格、演示文稿）的演讲。

当时我就在想：这个世界对人其实有不同的评价标准。也许我的大学老师觉得我应该被开除，但是我自己招人的时候看的不完全是一份简历，我觉得每个人都具有完全可变的能力，但被自己的理解所束缚，变成了一个完全不可变的人。

我们会听到别人说"学一门语言好难啊"，5 年前有人跟我说"Tiny，该怎么学 iOS"，我说"很简单"，5 年之后他还跟我说"Tiny，该怎么学 iOS"，我就无语了。

十年的工作经验，还是把一年的工作经验用了十年？

有这么一个笑话，一个人跑去问老板："我都有十年工作经验了，为什么您还不给我涨薪水呢？"老板回答："你是有十年工作经验，还是把一年的工作经验用了十年？"

我觉得在这个社会中有太多人是把一年的工作经验用了十年。也有人提到《异类》，《异类》的理论是只有当你刻意去学习，不停从自己的舒适区跳出来，忍受痛苦和煎熬，改变了自己以后，你付出的时间才是算数的。

当时我们在珠海讨论学习的问题，有一个人说他在进公司前两个星期的时候非常痛苦，觉得他什么都不会，谁都比他强。但后来他可以轻松处理这些事情，他却有些担心了。

我问他担心什么，他说他觉得这一年没有什么成长。我觉得他把我点醒了，我给的建议有两个：一是找一份更有挑战性的工作，二是做一个副项目去挑战自己。

自由职业可能
比你想象中还要累

今天聊一聊自由职业的话题，很多人都想做自由职业，大家都觉得自由职业者自由自在，非常幸福。我自己做了很长时间的自由职业，这两三年我基本上是完全的自由职业者。

我本来在公司里头，有自己创业的公司，也在别的公司里头做过CTO这样的职位，但是这两年我彻底靠公众号和YouTube频道来生存，做彻底的自由职业，最近连程序都不怎么写。

所以，经常有很多人来问我关于自由职业的好坏等这些细节问题，比方说前两天就有一个朋友说他工作得不太顺心，工作压力很大，然后也担心未来，问我他能不能做自由职业，比方说去做APP独立开发等等。

前两天我看到了一个新闻，有人采访刘慈欣，问刘慈欣最近的状态如何，创作状态如何，有没有新的小说要写？

刘慈欣就说其实他后悔辞职了，这个视频的标题叫"刘慈欣说没法'摸鱼'就没法写作"，因为他这几年辞职专门写作以后，他的写作时间反而变得更少了。

为什么会有这样的问题，我先跟大家聊聊下面几点。

有生活，才能有创意

像内容创作者，或者像刘慈欣这样的作家，很重要的一点是生活。

刘慈欣在一个工厂工作的时候，他会接触到很多人，但是他一旦辞职，自己创业了以后，这当然不是说他没有任何社会活动，但除了社会活动以外，他自己的公司可能也不大，接触的人就很少了，这个时候其实他就缺乏生活了。

我自己也是这样的一个例子，现在我自己做公众号，做视频。之前我上班的时候，经常会听到我手下的程序员抱怨这个抱怨那个，或者年轻人的各种各样的疑惑，或者大家工作之余聚餐喝酒的时候聊到当前的社会百态，各种问题，我就会得到很多启发，知道自己想去做什么样的内容。

但是，等到我这两年都在做自己的事情，自己做公众号的时候，我就发现有一个很大的问题。比方说前一段时间很多大公司裁员，那时候马上就有人问我对裁员的事怎么看。

我说我没看法。因为我最近没有上过班，跟那些在大公司里工作的朋友也很少见面，当然这也有很大一部分是疫情的原因，所以到底这个裁员是怎么回事，其实我不太知道。我不太知道就没法给大家讲，对吧？

所以这就是说当你有一个社会生活，有一个联系紧密的社会生活的时候，是可以帮助你创作，或者帮助你去了解人性的。

像我现在的生活状态，如果没有疫情的话，我每天都在外头吃喝交际，还是会接触到社会的。但是现在因为疫情我也不太敢出门，所以就每天在家里坐着。你闷在家里坐着，看到的都是网上的东西，都是些二手的东西，你不会对这个世界有更深刻的认识，所以你就很难做出更多的反应。刘慈欣可能也有这样的一个问题。

只有正常作息，才能保持创作力

只有正常作息，你才能保持创作力，一份工作往往会帮助你保持正常作息。刘慈欣其实也说了这个问题，自从他辞职以后，他就没法保证自己按时起床了。

很多人一旦失去了工作这种牵绊，就没有了旺盛的创造力。一般公司要求你早上 8 点上班，有的人会迟到，就像我这样的人，在有工作的时候我就经常迟到。但是工作时人基本上会保持在一个白天比较精神、晚上睡觉的状态下。而做自由职业后，很多人日夜颠倒，就产生了很多健康问题。

当时，当年明月考上了海关，那个岗位全国只招 5 个人，人人羡慕。但是你知道吗？他写的《明朝那些事儿》非常赚钱，现在当年明月已经是体制内非常不错的一个官员了，他各方面收入都不错，但是他的财富主要还是来自这套书。

据说《明朝那些事儿》当时一年给他带来几千万的版税，现在我不知道还有没有那么多，但是有人问过他："你的书那么成功，你为什么不辞职？"

他当然有他的政治抱负和理想，这是他说过的一个原因，但另一个原因其实他也说过，他只有在正常工作的时候才能保持创作力。

如果说辞职以前是在工作状态下才能保持旺盛的精力，那么很多人会发现自己一旦辞职了，一旦完全从事自由职业了，就会陷入一种痛苦的状态中。我其实也遇到过这个问题。

大概在 2018 年以前我都是有本职工作的。我的公众号保持日更是在 2015 年的时候。那时候我的工作非常繁忙，但是对于写公众号我很积极。我现在完全做自由职业了，反而经常找不到时间来写。

其实很大的问题是，如果没有人盯着你，你自己到底能不能做到每天都学习，每天都努力，每天都保持良好的精神状态去创作。

我在 2014 年、2015 年的时候，看英语原文书的效率惊人，一个月能看完一本英文书，我说的英文书不是一本英文教科书，而是一本英文小说或一本英文专著。

我当时非常密集地在看英文书，比方说会在地铁上拿着 Kindle（电子阅读器）看书，会在遛弯的时候拿着 iPhone 听书，但是这个习惯大概在 2016 年以后就没有了。为什么没有了？

因为我以前住的地方比较偏，我当时住在上海杨浦区，在比上海财经大学再往北一点的一个地方，每次我到地铁站都要走 20 分钟，但是当时那个地铁站相对也比较偏，我喜欢去淮海中路的 iapm（上海环贸广场），或者去浦东玩，所以经常要坐三四十分钟的地铁。

在坐地铁的时候，我进行了大量的阅读，因为坐地铁很无聊。而且我又是在起点站附近上车的，经常有座，所以我就有时间去看书。那段时间我看了很多英文书，但后来我搬到了陕西南路附近，每次去 iapm 坐地铁 5 分钟就到站了，一旦离开了那个环境，我就没有在地铁上看书的习惯了。

没有了在地铁上看书的习惯，我坐在办公桌前看书的习惯又一直都培养不起来。因为有电脑又有手机，还有我的游戏机，有各种各样的诱惑，所以我就很难沉下心去把一本书看完。

所以很多时候人觉得自己是完全自主的，但是习惯的力量，以及你一些生活方式的力量是非常强大的。这是很多人想不到的一个问题。

我还有一个朋友，他原来上班的时候是非常紧张的，以前经常加班，但是他做自媒体可以做到双日更，后来他觉得他自媒体做得不错，也就辞职了。但他专职做自媒体的时候，发现很难做到日更，甚至很难按时更新，经常很久都不更新。

他一开始认为这是不是说明他写公众号不行，然后就去做视频，结果他做短视频也做得很少，为什么？

其实就是因为他经常日夜颠倒，没法保持一个正常的生活规律。如果你不能保持正常的生活规律，你的生物钟乱了以后，最大的问题就是你经常找不到一个自己精力充沛、情绪很好、精神也很好的状态。

日本的一个"劳模"作家村上春树有多自律？他凌晨4点就起床，写作到中午12点休息一下，然后下午4点再去跑10公里，每天都是这样。村上春树的这种自律很有可能是一种性格因素，但这也是他能够写这么多东西，成为一个"劳模"作家的原因。

一般来说，我们会觉得作家是一个非常散漫的职业，但事实上我自己做了很长时间的自由职业，我发现哪怕是再散漫的一个人，也必须有一定的工作规律和生活规律，否则他是非常难以输出的。

余华可能是一个反例。余华经常说他自己当年就是因为懒，因为文化馆不需要打卡才去文化馆上班，但你如果去看余华的那么多书，余华的那么多创作，你就会知道他是一个很自律的人。

自由职业的"自由"是指自由安排时间，而不是自由散漫

很多人会觉得做艺术，做文学，做这些自由职业的人都是自由散漫的，其实自由是真的"自由"，但这个"自由"是指你可以自由安排时间，而不是自由散漫的意思。

举个最简单的例子，像做导演，做游戏，很多人都会觉得你这些东西不都是在讲艺术吗？

举个例子，像我很喜欢的暴雪，他们要做一个游戏，需要跟几千个人合作，有无数的素材。导演也是一样的。其实导演的事务性工作很多，包括每天要来哪些演员，哪些演员今天有戏要拍，今天有多少个场景要拍，等等。导演当然也有助理和副导演协同工作。很多人眼中的艺术性的东西，做到一定规模，它也是一个工程性的东西。管理几千人拍一个电影，某种程度上来说跟管理几百人盖一栋大楼是一样的。

我们做自媒体也好，写文章也好，都是这样。比方说你要写一篇文章，你总要有构思、收集材料、写作、校对，然后发布这么一个流程。

做一个视频其实也是这样。比方说我做视频的时候，基本上没

有特别长的稿子，而且一般我是没有逐字稿的。

　　但是我一般会有提纲，这个提纲的形成其实也需要一个思考的时间。你如果在录视频之前不思考，那么录这个视频的时候你就会表达得非常不流利，所以这个思考的时间是必须有的。

　　如果你想让大家觉得你讲话很有意思，那么你就需要旁征博引，对吧？那么有很多的小故事细节，你平时就要收集和整理。这样等到你准备材料的时候，你才能找到。

　　有了这样的一个提纲以后，你要去熟悉一下自己的提纲，知道一个大概的讲述脉络。

　　举个例子，我以前只做一个PPT就去演讲，也没有逐字稿，但是我在做PPT的时候，其实就非常认真地思考这一页我准备讲几分钟，可能没有一个具体的时间，但是我会在心里头去讲一下这个东西，提前打好腹稿。所以你做什么事情，其实都是这样的。

　　最后我想说，我认为我们追求的自由是不被那些完全没有意义的规章制度或者说毫无意义的加班所拘束的自由。

　　在你做一件事情的时候，你需要做什么样的准备，包括做什么样的知识储备，做什么样的数据收集，在什么样的精神状态下去做好这件事情，这不是在限制我们追求的"自由"。你不应该被一些没有意义的东西浪费时间，但是做内容的时候，做事情的时候，你该辛苦还是要辛苦的。

所以并不是说你现在做自由职业了，就可以每天胡吃海塞猛睡，最后钱就会来了。这世界上没有这样的好事。在该玩的时候玩，在该努力的时候努力，这样你才能做好你的自由职业。所以每一个想做自由职业的人，我都想跟他说自由职业虽然好，但是并不简单，它并不是坦途，你最终要学会怎么去压榨自己，或者怎么去最高效率地利用自己精力充沛的时间。

　　在做好了自己一天该做的事情以后，你想怎么玩，想怎么自由，比如在别人都在上班的时候，你跑去逛商场，都是没问题的。

　　但前提是你要把事情做好，你需要非常自律或者有自己工作的方式才行。

这时代的美好和便利
从不来自"996"

年纪大到一定程度，就会眼睁睁地看着社会的舆论发生变化。在2001年，我刚刚进入互联网行业的时候，还没有"996"的说法。在我的记忆里，至少是到了最近几年"996"才开始甚嚣尘上的。

但是，即使在"996"开始甚嚣尘上的几年里，也不是全部的互联网公司都在搞"996"。有很多公司其实是不搞的。有些搞"996"的公司虽然工资待遇不错，但是在一些人眼中是不值得去的。

然而社会现实会发生变化。当没人尊重劳动法的时候，有人就会问，"996"到底好不好。还有人说正是因为有了"996"，中国才能在全球一枝独秀。甚至出现二三十岁的员工去举报甚至训斥40多岁的前辈不肯"996"的情况。

但是"996"真是一个国家发展的法宝吗？其实并不是。

中国从1995年5月1日起开始实行40小时工作制，推行双休日。那是改革开放之后，中国经济腾飞的一个转折点。

在改革之前，人们明显更辛苦，双休日把劳动时间缩短了，在一定程度上提高了劳动效率，我们的经济反而更好了。

这是一个全世界普遍的现象，还是中国独有的呢？

讲一个有趣的故事，1916年美国国会通过的亚当森法，规定在州际铁路上工作的铁路工人实行"八小时工作制"，工人超时工作，雇主要支付额外加班费。人们一般认为这是在美国实行"八小时工作制"的一个开端。

然而，早在1914年1月，福特汽车公司就开始将工资加倍（日薪从2.38美元加至5美元），缩短工时（每日工作8小时）。这项举措非但没有让福特的生产率下降，反而令福特汽车一跃成为全世界最流行的汽车，也是生产得最快和售价最便宜的汽车。

当然，人人都知道福特成功的一大秘诀就是流水线生产模式，因为流水线生产模式提高了劳动生产率。

而很多人回顾这段历史的时候都忽略了福特在发展生产线的同时提高了工人的工资和减少了工时。

为什么呢？因为如果福特的工人一直贫困，而且没有时间去开车，那么福特生产了那么多汽车谁会买？买了谁又有时间去开呢？

世界经济的发展一直以来都是由劳动生产率的提高，以及消费能力和消费意愿的增强一起推动的。

在改革开放之前，我们连吃饱饭都是奢望，到了改革开放以后，很多人能吃饱饭了，吃到肉了，吃到了很多品种的肉，吃到了各种各样的水果。

而今天，一些非常赚钱的企业满足的不是人的基础需求，而是人在满足基础需求以后的更高层次的需求。举个例子，农夫山泉的老板成了新任首富，是因为农夫山泉满足了人不被渴死的基础需求吗？不是，人喝自来水，或者自己烧水喝都不会渴死。只有想喝有矿物质的、纯净的、有点甜的水，你才需要花更多的钱去买农夫山泉，而不是直接饮用自来水。

所以，中国的腾飞当然是苦干干出来的，但也是人民群众开始吃饱饭，开始有能力享受出来的。

政府一直在说，在拉动经济的"三驾马车"——投资、消费、出口里面，消费在中国是最难的，但也是中国最需要的。美国就是一个由消费驱动的大国。2020年，在美国，居民消费支出占GDP的比例达69%，在中国，这一比例仅为39%。

而要继续增长，特别是实现对每个国民都有意义的、让居民生活都能改善的增长，就必须增大内需。内需从哪里来？如果大家都没有钱，就不会有内需；如果大家都没有时间，也不会有内需。

这时代的美好和便利不来自"996"，只是那些鼓吹"996"，想随意延长工作时间的人在骗你而已。

但是，这并不是说，人不应该奋斗。事实上，"996"跟奋斗毫无关系。我见过很多执行"996"的公司，真的是每一个员工都打着鸡血精神饱满地工作吗？其实就是"上有政策下有对策"，很多人觉得反正回了家也没啥事，就在公司待着呗。既然一直待着可以让老板觉得占到便宜，那员工何乐而不为呢？

但是，在这场上下配合的骗局里，其实没有赢家，老板觉得压榨了员工，然而员工该磨洋工的还是在磨洋工，不管做满了多少工时。而那些用着公司空调，吃着夜宵，熬到晚上9点半打车回家的员工，表面上占了点小便宜，其实浪费了生命。

"我只是没认真做"

我以前有个同事，他的口头禅是"我只是没认真做，要是我认真做，×××也不是我的对手"。

每一次跟他沟通，说他哪里该改进，他都这么说："强哥，你别老提小张，我是没上心啊，下次我认真做，肯定比小张做得好。""强哥，老李也没我学历高，我这次没认真，以后一定会更好的。"

要说态度也算诚恳，但是问题总是得不到改进。每次他都承认错误，都说自己不够认真，以后能做好，但是一直也没做好。后来……

每次说到这样的话题，总有人说，年轻人总是会犯错的，你们那么不宽容吗？

其实，我认为职场新人也好，经验丰富的老员工也好，犯错误都是难免的，做的东西有时候达不到领导的要求也不是不可饶恕的。

问题是怎么面对问题，怎么面对错误，怎么成长。

有三年经验的程序员一定好于有一年经验的程序员吗？

我们招聘的时候，一般都会看一个人在一个领域里面工作了几年。比如招程序员，我们经常会说，3 年以上的 iOS 程序员，或者有 5 年经验的 C++ 程序员，等等。这是一个非常简单实用的标准。

这意味着我们认为一个人在某个领域干了几年以后，他应该有相应级别的经验和水平。往往有 3 年经验的程序员比有 1 年经验的程序员水平更高。但是，事实上也不尽然。

我在 20 年的职业生涯里，至少有 10 年在带团队，招聘和管理了很多程序员。有一半人的水平是跟他们的从业时间比较相关的，对这些人来说干 3 年比干 1 年强得多。

还有一半人又可以分为两种，第一种人只有 1 年经验，但是能力秒杀有 3 年甚至 5 年经验的程序员。还有一种人有了 5 年甚至 10 年的经验，但是做事情还不如一个刚入行的小朋友。

为什么呢？

在于你肯不肯学习。

我初中刚学编程的时候，能找到的唯一的学习资料就是学习机自带的一个 Basic（基本）手册。但是我对它极其痴迷，几乎把那本手册翻烂了，每一行代码都被我打进学习机里试验过。然而在我上大学之后，国内的互联网才兴起。那个年代只要你肯学就可以比其他人更厉害，但是毕竟信息匮乏，学习起来非常艰难。

现在则完全不同。只要你肯学习，肯去寻找，哪怕是在一个偏僻的城市甚至农村，你都可以找到北大的视频教程，你也可以跟着斯坦福的教授学习"机器学习"课程。各种各样的免费学习资料，视频、文档满天飞。如果你想学，不需要在一个项目里面待三年，你自己就可以学习到其他人不了解的细节。

如果你特别优秀，又进入了竞争比较激烈、技术比较厉害的公司，那你的成长速度就会非常惊人。

而那些干了五年十年混得还不如刚进职场的孩子们好的人呢？那些人往往进入一家公司后，就觉得自己进了避风港，觉得自己只要满足公司的需求就好了，就开始故步自封，那么干了五年十年当然也没有任何用处。

一定要进入一家厉害的公司才能成长吗？

总有人留言问我，说自己没本事，进不了厉害的公司，进不了厉害的公司就没办法成长，该怎么办？

其实这样的问题根本不存在。当然，如果你进了厉害的公司，公司发展得很快，确实容易推着你进步。但是如果公司没有太多技术需求，你自己也是可以进步的。

2001年我大学毕业的时候，自信心不足，没敢去北京闯世界，就在天津投了一份简历，进了一家电子厂做网管。整个公司只有我一个人会写程序。那么我跟谁学？

公司也不需要做什么软件，我在公司做的几个软件，工资管理系统、食堂管理系统，都是我主动请缨做的。事实上，公司觉得还不如花点钱找外包呢。

那么我怎么学习？

我业余时间还不是自己喜欢什么技术就学什么技术，经常自己写一些程序做试验。不是说有人逼你做事情你才能学习。我那个时候最喜欢C++ Builder，我就天天写C++ Builder的程序。

后来，当我离开天津，去北京求职的时候，刚好看到某家公司招C++ Builder程序员，我一去面试就成功入职了。

那家公司就是做电子词典"文曲星"的金远见公司。

在金远见我认真地工作，主导了PC端连接软件的整体重构。但是业余时间，我还在研究VC++和浏览器插件系统。后来金远见遭遇大的变故，大裁员，我拿了一笔补偿金，在家里天天打游戏上网。那时听说了二六五公司招人，他们需要用VC++，而我当时在北京圈子已经有点名气了，就被人推荐进了二六五。

在二六五的时候，我一边做公司的事情，一边在业余时间学习各种好玩的技术，比如 J2ME，JavaSE，等等。这个时候，我的朋友霍炬找到我，说他的朋友在搞一个创业项目，找到了他做技术，还缺一个技术人员。而我当时已经会做浏览器插件了，那个项目正好需要 Outlook 插件，行业里面没几个人会做。

霍炬问我能不能做，我找了文档一看，觉得 Outlook 插件本质上跟浏览器插件没啥区别，于是我就答应下来了。

这就成了我业余参与的第一个创业项目。这个项目虽然没成功，但是打下了我和霍炬后来合作的基础。

我几年后离开了二六五，之后一度只靠给朋友的创业项目做咨询维生。一次跟霍炬、韩磊的饭局上，他们问起我在做啥，我说辞职后在做一个简单的咨询工作，钱不多，凑合吃饭。霍炬说他刚刚辞职，也准备做点简单的咨询工作。于是，我们一拍即合，成立了一家技术咨询公司。后来，我们的业务涵盖了饭统、点评、FTChinese、六间房等国内知名公司。而做技术咨询需要的技能也不是二六五公司当时需要的，都是我和霍炬在业余时间自己做网站、自己做项目学习的。

创业期间，我自学了 Java 和 Lucene，我们写了一套搜索系统，用它开了另外一家公司。在做这两家公司之余，我发现 Android 和 iOS 两个系统都有了 SDK，我就都去认真学习了。后来我更喜欢

iPhone，就专心学 iPhone 开发。

学了一个多月，有道公司的一个副总找到我，他们当时在国内找不到 iPhone 开发者，于是我帮他们做了有道词典 iOS 的第一版。

后来，我和霍炬、余晟老师先后加入盛大。盛大是因为我们做的搜索系统而招募我们的。但是我进公司的时候说，我想把精力放在 iOS 上，我们的老板欣然答应了。因为那个时间点 iOS 人才更加难得。

就我 20 年的工作经验来看，我几乎每换一个公司都会用一种完全不同的技术来求职。所以，可以说，任何一个公司对我后来的职位的影响都不大，全靠我自学的技术。

我成长的要点是看准一个或者几个方向，持续不断地努力，用业余时间不断地学习和尝试。

只有亲自做的经验才是经验

我从 2015 年开始认真地写公众号，那一年写了 200 多篇，30 多万字。公众号给我带来了非常多的收入，但是做起来也很难。一开始是最难的。我写了几篇，没多少人看。大多数人当时都说，公众号的红利期已经过了。只有冯大辉一个人说，公众号的红利期还在，现在写还是好时候。

最后，我相信冯大辉说的，因为他的公众号的阅读量一直在上升，他也一直都在写。我 2002 年开始写 blog（网络日志）的时候，就看到冯大辉一直在写 blog。这么多年，我们都一直在写。

而很多当年看好或不看好 blog 的人，早就不写了。很多说公众号红利已经不在的人，我了解了一下他们，他们根本就没写过，或者写过几篇，没有多少人看就再也没写了。

后来，从 2016 年到 2021 年，每一年都有人说公众号没前途了。但是从我的经验来看，这几年我从公众号挣到的广告费用并没有降低。而且我也看到不断地有新人涌现，比如"桥下有人""半佛仙人"。他们比以前公众号刚刚兴起时流行的公众号作者们更会写，更会把握话题方向，流量更大，赚钱也更多。

但是，不管啥时候，只要你聊公众号写作的话题，总有人跟你侃侃而谈，红利期已经过去啦，价值不在啦，新的机会是小红书啊，新的机会是抖音啊。

这些观点的对错我们暂且不论。上次在一个演讲后，有人问我现在要做公众号该怎么做。我发表了一堆观点。然后有人站起来说不建议大家做公众号，应该做小红书，滔滔不绝说了 10 分钟。然后，我问他："你做过公众号吗？做过小红书吗？有多少粉丝？"他对我提出的问题很诧异，说："我没做过啊。"

我说："你没做过怎么知道这么多？"

他说："我看 ××× 和 ××× 说的。"

我笑了笑，心说：××× 和 ××× 的文章，我们自己不会看吗？需要你来词不达意地复述一遍吗？

我做 YouTube 视频的时候也是如此。我做了 82 个视频，有 2 万次订阅，单个视频最高的播放量是 12 万 5 千多次，总共有 66 万次播放，挣了近 2000 美元。

虽然还很初级，但是我已经尝试了各种各样的形式和内容。我做过访谈，做过科普，我甚至买了绿幕做了抠像。我试过各种 YouTube 的 SEO（搜索引擎优化）手段。

然而跟人聊到怎么做 YouTube 视频的时候，我总是被人教导。

"你应该这么做。"

"你做一期 ××× 就火了。"

"你要是做的时候旁边坐个美女就火了。"

"YouTube 的推荐机制是 ×××，你只要这么做就火了。"

…………

当年去问这些大明白，他们在哪个平台做视频，YouTube、B 站、西瓜，抖音视频也可以啊。他们往往会告诉你，他们啥也没做过，不过研究过。

虽然武功盖世，但是从未下场比试过。当然，因为从未下场比试过，所以武功也一直盖世。

上个月有个女孩跟我说，现在做公众号、做 YouTube 都过时了，要做小红书了。

我问她小红书该怎么做呢。她自信地跟我说，如此如此这般这般，一个月粉丝就能过万，三个月就能接到商单，收入多少多少。

我问她做过吗，她说还没，但是她准备做，一个月后她给我晒数据。

一个星期还没到，她在微信上找到我，诉了一堆苦。说她第一次录视频，录了七八遍才成功。发现别说妙语连珠了，照着稿子念的话，录出来看上去呆若木鸡；没有稿子的话，时不时卡壳；做了一个提纲放在眼前，但是录着录着还是跑题了。

最后好不容易搞了七八遍录出来了，学习剪映怎么加字幕、怎么加片头片尾就费了老大劲。

全部都搞好了，发到小红书，无人理睬……有几个评论也都是在喷她的观点不够客观的。

她心灰意冷，说："Tiny 叔，可能我不适合搞视频……"

你别说，我见过好多喜欢说"我只是没认真做，要是我认真做，×××也不是我的对手"的人，他们认真做起来，往往就是这个样子。不是幻想成功得太早，就是放弃得太早。认真起来无敌，但是他们认真不起来啊。

可以快，
但不要着急

大多数人都喜欢快，因为这是一个变化很快的时代，火云邪神说过"天下武功，无坚不破，唯快不破"。快有很多好处，很多时候不够快就意味着没有机会。但是大多数人不知道快和着急的区别。什么是快？什么是着急呢？

快是一种状态，它是客观存在的。别人做一件事情用了三天，你用了一天，这就是快。

而着急是一种心态，它是主观存在的。做一件事需要三天时间，你非要一天搞定，这就是着急。

欲速则不达，着急带来的第一个问题就是容易做不好事情。

我见过和参与过太多的项目，早期立项的时候负责人优柔寡断、犹豫不决，宁可让项目组的成员闲着，也不肯投入力量预研。一旦确认立项，又把工期定得不合常理地短，不停地加班，不停地补漏，结果是 delay。

个人学习和生活中的例子也比比皆是，有人想三个月学会英语，有人想一个月减掉25千克的体重。那是不是没人能做到呢？当然，也许有人可以做到。但是对大多数人来说，这么急切只会走弯路，最后得不偿失。

着急带来的第二个问题是容易带来挫折感。

当你着急的时候，你就会忽视自己的能力，去制订一个不切实际的目标。这种不走脑子的结果就是你很容易失败，并且失败以后，你很难想到失败的主因是你的目标不切实际。这就很容易给你带来挫折感，让你觉得自己一无是处，从而放弃对自己的要求，自暴自弃。

我们生下来的时候都是无所不能的种子，我们不是被生活塑形的，而是被自己对生活的错误理解塑形的。

着急带来的第三个问题是容易走错路。

这个时代太匆忙，有无数人暴富，我可以理解任何人心里的压力，这是一个非常容易走错路的时代。笑来老师的公众号"学习学习再学习"里有一篇文章《写给女生的五个择偶建议》，我转发后，因为原文中有句"坏人更容易成功"，有个妹子就来问我："善恶哪个更有力量？"

我的回答是，问题不在于哪个更有力量，而在于：不是有力量的你就可以控制，有些力量你不仅不能控制，它们反而会控制你；

不是说获得了力量，你就会快乐。

但是，在急躁的时候，人就容易偏离自己的信念，把自己变成自己不喜欢的那种人。我们常常在前进的道路上走得太兴奋，而忘了目的地到底在哪里，以及自己为什么出发。

不管面对多么复杂的问题，我能找到的唯一方法，也是我觉得最好的方法，就是不疾不徐，认真回到内心，去思考自己要什么，自己可以做什么，可以一步一个脚印解决问题的方法是什么。

如是。

简单地出卖时间
无法变富

改革开放初期有一个怪现象，叫作"造原子弹的不如卖茶叶蛋的"。如果理解不了这个问题，你当然一辈子受穷。

现在这个时代类似的问题也常常被提出来，说明很多人缺乏经济常识。

比如经常有人会震惊于某些早点摊的老板可能月入过万元，甚至月入几万元，顺丰的快递小哥有可能月薪达到 2 万元～3 万元，等等。有些人震惊的是他们大学毕业在北京、上海，月入才 6000 元不到，那些人连大学都没上，甚至有的人初中都没毕业，挣得比他们还多。

首先，工资不是按学历分配的。当然，如果你和一堆人去面试一个企业的同一个岗位，你们都是没有职场经验的人，那么有很大概率你的收入跟你的学历和学校的名气成正比。

但是，如果加上不同公司、不同工作经验，以及不同专业等因素，那么你的收入跟学历就没多大关系了。在某一个阶段，比如我还在上学的时候，大学生是相当稀缺的，那时候大学还没有扩招。所以，是否有大学文凭，在你求职的时候，有非常大的权重。如今你有学历当然更好，但是大学生早就已经没那么稀缺了。

任何一份工作的收入其实跟商品价格一样是由供求关系决定的。以前我们国家航班少，飞机少，空姐是一个高收入而且非常高端的职业。但是到了现在，大家都知道，即使在天上飞，端盘子还是端盘子，这个职业早就不稀缺，也不稀奇了，自然就回归了服务行业的本质。当然我这里没有任何对服务行业不尊重的意思，只是当年这个职业有点类似于被架上了神坛，现在回归了常态而已。

最重要的是，大多数人去工作无非简单地出卖自己的时间而已。他们并不太为结果负责，所以他们得到的其实是出卖时间的回报。这听起来有点绕，后面我会仔细解释。

举个例子，在公司完成了一单大生意以后，你总是有种自己成就了很大的事业的感觉。比如，公司签了一个500万元的单子，你觉得自己是其中的主力功臣。那么你的工资会因为这单生意直接变成200万元吗？不会，最多从6000元涨到6500元。

这是不是很不公平？其实并不是。也许你心目中自己的功绩，无非你做了其中那个最主要的PPT。从某一个角度来看，你厥功至伟，但是从另外一个角度看，换个人来做这个PPT，应该也没问题。

那么你是不是还那么有价值呢？

在任何一个公司做一单 500 万元的生意，都很难说清楚你的功劳有多大。你觉得你功劳大，那么设计这个产品的设计师功劳大不大？解决生产问题的技术工程师呢？保证生产可以顺利进行的车间主任呢？质检组组长呢？线长呢？具体的装配工人呢？把价值巨大的货物安全送到港口的司机师傅呢？

你觉得自己再重要，也只是某个巨大链条上的一环而已。最关键的是你是完全可被替代的一环。

如果这单生意失败了，你可能也没那么大的责任。公司少了一单 500 万元的生意，你最多少了几千块可能到手的奖金而已。

所以，你没那么重要，你只是一个螺丝钉。

我曾经做了有道词典 iOS 的第一版，它是有道的外包项目，当时有道没有懂 iOS 开发的程序员。我一直觉得这个软件是让我很骄傲的东西。

那时候 APP store 上也没有几个词典软件，虽然后续的开发都是有道自己的工程师做的，但是毕竟我帮他们开了个头。然后一年又一年，我看着有道词典高居榜首，好骄傲。

后来听说有道词典全平台下载量过亿，我骄傲，再后来听说单 iOS 版本下载量就过亿了，我更骄傲。

但是，有一天我突然迟钝地明白，这东西再火跟我也没关系啊。

虽然，在刚有 iOS 开发的时候，我算是少数几个可以写出来一个电子词典的人。但是现在人人都可以写得出来（不至于，但是也差不多）。我那时候，如果顺便自己也做一个，哪怕到现在只有 100 万下载量，那也是我自己的产品。但是有道词典 iOS 版是网易有道的产品，我只是一个经手人而已。

网易有道想做这个产品，他们立项，找到我，给了我一个 J2ME 版本做参考，他们出钱，我出力。然后，一切就跟我无关了，除了一个虚名。

其实从我 2001 年上班到今天，是不是都是这样的呢？每一家公司，我都努力参与了产品的研发，然后收到了薪水，最后我离开，产品就跟我再也没有关系了。

因为不管当时多么努力，你都只是一个出卖时间给公司的人。我跟网易有道的关系在外包项目结束的时候，就结束了。我甚至比一个买了 1000 股网易有道股票的路人，跟网易有道的关系还要小。

工作任务分解法

我经常给大家讲学习方法、工作方法，不是因为我懂得很多，而是因为我自己也在不停地寻找打磨自己的学习方法、工作方法。同时，因为在行业里面有些虚名，我见过特别多牛人，我得出一个结论，他们虽然很厉害，但是没有几个真正天赋异禀。其实他们看起来都不出奇，帅谈不上帅，高大也谈不上高大。接触多了，我相信所有厉害的人最主要的素质都不是智商高，而是有系统的工作和学习方法，或者说做事情有章法。

我在演讲里面经常提，当一个任务很小，你随便就可以搞定的时候，你容易有一个错觉：这个世界是靠智商的。但是这个世界总有太多复杂的任务，不管是谁，都不可能靠拍脑袋解决。这时候，我们才知道方法的价值。

在工作方法里面，我觉得最重要的一条叫作任务分解。如果不做分解的话，没人能解决超级复杂的问题。卓越的人是擅于分解问题的，如果不分解问题，你就不可能去理解一个问题，不可能进行合理的资源配置和计划调度。

在工程上这个方法也叫作分治法，当然我觉得更有意思的是它的英文名字"divide and conquer"，字面意思就是分解敌人，然后征服敌人。这其实最早应该是军事术语，战场上人多是有绝对优势的，3万人和2万人拼刺刀的话，3万人一定会胜利。但是，如果你想办法把3万敌军分散成三股，一股一股地跟你的优势2万兵力对阵的话，以少胜多是完全可以做到的。

很多人不理解为什么要分解任务，因为在他们看来，分解完了，这个任务不还是要做吗？对的。但是，问题在于，当问题过于大的时候，我们实际上是没有办法思考的。你以为你理解了这个问题，实际上你根本没有开始思考问题。

举一个简单的例子，如果有人请你帮忙做一个记事本的APP，问你需要多久可以做出来，你往往没办法回答。因为这个问题太笼统、太大。

但是，你可以通过分解这个问题来解决。一个记事本APP，应该有一个主界面，上面列出所有的note（注释），然后点击每一个note可以进入note内容显示的界面，主界面还应该有新建note的按钮和编辑note的按钮。

好，这下让你估计时间是不是就容易很多了？你可以大致估计下，你写一个主界面需要4个小时，note详情界面需要2个小时，新建按钮需要 1 个小时，编辑按钮需要 1 个小时。合计是 8 个小时。

有时候，客户的需求太多或者你要做的工作太复杂，需要很多部门协调，需要注意一些不可控的因素。遇到这样的项目，很多人都会搞成一团糟。其实你也要先做任务分解，先把任务分解成小的部分，看哪些部分需要找其他部门协调，哪些部分可以自己搞定，哪些部分有时间和预算风险，等等。

有时候，你需要做的事情看起来非常复杂，实际上有些部分是不需要做的，但是如果你不能先分解任务，你是不可能理解的。

其实，分解问题，是解决一个复杂问题的前提，如果你不能合理地分解一个问题，解决问题就是奢望。

这需要我们怎么做呢？其实很简单，就是做复杂的事情之前先思考。

记得那个经典的笑话吧，把大象放进冰箱需要几步？

有时候，我们需要思考的是，让自己变成一个靠谱的年轻人需要几步？

然后，剩下的事情其实很简单，做就是了。

锻炼你的大脑

我对机器学习非常感兴趣。我觉得机器学习对我们理解人脑是非常有帮助的。

机器学习：模型 + 数据量

机器学习主要有两个东西，一个是模型，另一个是数据量。当你选对了足够的语料、足够的数据量的时候，这个模型就会越来越好。

我一直在想我们的大脑是一个什么东西。大脑其实有一个反馈的流程，大脑接受一定的数据、一定的训练，形成了一定的理论，然后不断地去验证这些理论对不对。一个聪明的人大脑结构应该非常清晰。

为了学英语练听力，我开始听一些 Podcast（播客），一开始我发现听不太懂，但由于是自己领域内的东西，后来我都能听懂了。于是我开始听一些经济学的东西，发现一些即使有十几个字母的单词我也能够听懂，到现在我都不知道那些词怎么写，但我就是能听懂。

现在我验证了大脑是一个有无穷力量的机器，那我该怎么去使用它呢？我觉得我英语听力有一定水平了，那我能不能够说英语呢？于是我就去参加上海外国人的聚会，从一句话不会说到能够和他们争论宗教问题。

我始终觉得我的词汇量是一个问题，所以我又开始读英文书，现在我可以看哲学书等一些比较艰涩的书了。后来我发现练英语口语的一种方法，之前读英文书我是培养即使看不懂也能读下去的一种感觉，现在我读书时遇到每一个不会的单词都要查，于是我感觉我的口语在慢慢进步。

《思考，快与慢》：避免远古大脑，唯慢不破

我们有两个大脑，一个大脑深思熟虑，功能非常强大；另一个大脑比较像远古的动物，不太懂事，但它反应非常快，有点像条件反射。通过这个理论我想明白了我们为什么会产生争执，原因很简单。比如有个外国人说："你们中国人……"我们的另一个大脑就会想："你怎么了，又想说我们中国人的坏话了吗？"但其实我们都不知道那个人是要说中国人好还是坏。

很多时候，我们都会陷入一种情绪中，都在用大脑反应最快但是最愚蠢的部分。所以我在想，我能不能降低自己的反应速度，把每一句话都听完，把每一件事情都想完，再回答，就是先听后说。我有个理论叫作"不争论原则"，即使你跟上一个人的发言有很大分歧，你都只表达自己的观点是什么，而不是说"某某某的想法是错的"。

因为一旦说了这么一句话，双方就会陷入一种以"说服对方""压倒对方"为目的的讨论中。实际上我认为每一个参与讨论的人都会有一些不对的部分，不可能全对。所以我们尽量在一种不争论或者深思熟虑的环境下，给予大家充分的表达空间，你总是能够收获一些新东西。

我觉得成长就是我们不断去接受分散在这个世界很多人的思想，很多书、很多理论里的信息，信息量慢慢地增长，让我们的大脑不断进化。

再回到大脑进化这个问题。我在某个阶段认为，大脑的进化我是有感觉的。在我的英语听力水平提高的时候，我觉得我的粤语听力和上海话听力水平也在提高。

人的大脑其实就是一个复杂的机器，当这个机器越来越好的时候，不光是对某一个具体的事情有好处。所以我在追求让大脑进化，帮我解决更复杂的事情。

《习惯的力量》：把好变为习惯

最后是《习惯的力量》，其实这本书的观点与《思考，快与慢》是相反的。作者认为我们的习惯存储于我们大脑中比较古老低级的部分，比如反射。

《习惯的力量》提出了一个我们怎么把一个回路放到大脑古老部分里去的方法。放过去的好处在于，习惯意味着我们做一些事情会变得很容易。我觉得这本书可以和《异类》一起看：任何时候你只要觉得难受，你的大脑就在进化；任何时候你只要觉得轻松，你就是在使用你的习惯。

但这两种理论对我们都有非常重要的意义。我在想我可不可以用这个理论改造我的习惯，这个理论的内容是：习惯有三个要素——触发条件、流程和奖励。

我拿这个理论去改造我的走路行为、学日语的行为，效果都非常好。我现在每天大概都能够学 40 分钟的日语，我能够看到我的日语水平在提升。

结束语

大脑 hacking（破解）的理论虽然不够完美，但是我们可以不断地去验证。

我可以试试看心平气和地聊天是不是能够更好地交流；我可以试试习惯的理论能不能够把一件我不想做的事情变得很容易做到，而一些不想有的坏习惯能不能够改掉。

我想写一本关于方法论的书，很多人或许会叫它"鸡汤"，但我觉得只要它能够改变别人，改变我自己，那就是对的。

这是一个协作的世界

前两天看一个 TED 演讲的时候，那个演讲者提到人作为个体在动物界是非常弱小的，一个单独的人应该打不过老虎、狮子、野猪、狼等动物，很多更小的动物应该也可以轻松杀死一个人。但是，为什么老虎、狮子、大象不能统治这个世界呢？他说因为协作很重要。

我们应该都知道协作的意义，我们生活在一个协作的社会里，你所在的公司就是一堆人在协作，虽然你时常不知道你的同事到底在忙些什么，但是我敢打包票，没有他们，你一个人肯定是不能让公司运作起来的。对原始人来说也是如此，他们能在现代武器发明之前就战胜猛犸象和剑齿虎，靠的就是协作。虽然有无数人宣扬原始更厉害，但是如果有人跟你说原始人可以单挑猛犸象和剑齿虎的话，我建议你送他去精神病院。

有时候，很多协作是你意识不到的。比如，你今天中午买了一个面包吃，我说这是人类协作的结果，你可能不服气，毕竟你这么大的人了，买个面包有多难，吃个面包又有多难。但是，如果跟动物去比较，你就会发现买个面包吃意义非凡。那个演讲者说，如果有一只猴子自己摘了一根香蕉，另一只猴子也想吃香蕉的话，就必须自己去摘，如果第二只猴子想用几张纸片换走第一只猴子的香蕉——呵呵，大家都是猴子，千万别以为别的猴子傻。

但是，人不同。你有没有亲自种过麦子？你有没有自己磨过面粉？你有没有自己和过面？你有没有自己烤过面包？等等。人类现在享受到的再渺小的一件事情，都可能来自无数人的协作。

我们每个人都很弱小。不仅在远古时代，现在也是。事实上，现代人已经快要失去独立生存的能力了。如果吃穿住行都要靠自己动手的话，你会活得非常辛苦，有人觉得这是一种退步。但是，这其实是一种进步。

很多人从自由分享的角度去理解自由软件、开源软件运动，但是经过这么多年以后，开源软件的开发模式，成了最好的远程协同模式，基于网络的 bug 跟踪和任务管理系统，代码管理系统，论坛，等等。所以很多代码超过的开源软件，几个主要的代码贡献者之间可能相隔几千公里，一年见不到一面，但是仍旧可以高效地工作。

我可以很自豪地说，我们公司也是如此。我们公司负责核心项目的三个程序员，两个在上海，一个在湘潭，而作为项目经理和产品经理的我，一半时间在上海，一半时间在天津，工作仍旧可以进行。

另一种协作就是 Uber，尤其是"人民优步"，我大概在上海和天津使用了半年以上的人民优步服务，打过上百次车。遇到的司机有无数种职业，职业经理人、小店店主、地铁司机、银行职员、小贷公司职员、财富管理公司职员、投资人、机场工作人员、机场工作人员的父亲、船运公司员工等等。我通过他们了解到了非常多原来不理解甚至不知道的行业。而与此同时，我也见过了无数种车型，我之前考虑过要买的车，基本上都在打人民优步的过程中体验到了。

人民优步提供了非常好的服务，但是它有没有像出租车公司一样严格管理呢？没有。有没有像出租车公司一样拥有这些车的产权呢？没有。

人民优步只是提供了一组服务器，当你在手机上叫车的时候，它会通知离你比较近的一个司机来接你。当然这里面有无数的细节，这里就不多说了。但是，这就是模式的价值，它提高了人类协同工作的能力。做人民优步的司机仅次于做我公司的程序员，是天下第二好的工作。司机在 APP 上按一个按钮就上班了，如果没有客户叫车，司机乐意在哪里休息就在哪里休息，干累了一按按钮就下班了。

这才是人类应该有的未来。

做对选择，
找到合适的进阶之路

每年一到毕业的季节，大学毕业生就开始迷惘。大学的四年都是无忧无虑的，钱自然会从提款机里面吐出来，课上不上都不会被叫家长，啊，多美好的校园生活。

但是突然间，自由生活结束了，要去上班了，有点惆怅，有点迷惘，有点不知所措，是非常自然的。

我们的大学教学和社会需求非常脱节，当然全世界的大学都是如此，大学不可能随着社会的改变马上改变。但是，我国这种情况是格外突出的，学校里面教的很多具体的技术已经过时，或者是完全错误的，比比皆是。

所以，首先，落差是不可避免的，也是不用担心的。如果你到了公司里，发现你自己是最菜的什么都不懂的人，其实不用担心，大家都是这么过来的。公司招聘之所以会分为社招和校招，就是因为有些岗位更需要有经验的人，而有些岗位，是可以给你学习时间的。

你需要做的无非努力学习，千万不要以为只有学校才是学习的地方，离开了学校，真正的学习才开始。跟所有的同事学习，跟接触到的所有人学习，学校里面教你的所有东西，都是未来你真正学习所需要的基础知识而已。

问题不在于这个阶段你不如你的老同事，大多数人在这个阶段都明白，如果不努力，可能连试用期都过不去。问题在于总有一天你会达到你的老同事的做事水平，这才是你人生的关键时刻。如果此时你满足了，决定就这样变成一个混日子的人，你可能就一辈子混日子了。如果你不满足于此，想追求更多，想变得更好，你就没有尽头了，一切你都可以做到。

如果工作简单重复没有任何挑战怎么办？

昨天，在OurCoders论坛里有人说："入职的时候，人事说来我们公司有广阔的前景……入职以后才知道，我要做的工作是负责各个手游平台的接入，重复再重复。"

我给那人的回复是："谁说做重复的手游平台接入就一定没有前途呢？我在金远见工作的时候，我的同事叫作Lee（李杰），他开发了Lava，一种可以解释执行的简单的C语言。文曲星的用户都爱死 Lava 了。当时他为什么要做 Lava 呢？原因是他汇编底子很好，公司让他把任天堂 FC 游戏机上面的游戏移植到文曲星（CPU 兼容，但是一些端口什么的都要改，不同的文曲星也不完全一样，需要多次移植）。他移植了几个游戏以后，就厌烦了。当时他听说了 Java 的概念——一次编写，到处运行，他就想做一个 Lee 的 Java，就是 Lava。做好了以后，他写了几个小游戏放在文曲星上，文曲星的用户也很喜欢用 Lava 写程序和游戏。说白了，Lava 不是什么特别厉害的东西，简单来说就是 Lee 当年上大学学编译原理的底子不错，他写了一个简单的 C 语言，放在了一个缺乏开发工具的平台上。所以谁说你的工作无聊你就应该无聊呢？"

工作和个人发展目标不一致怎么办？

大多数人的工作，都不可能跟他们的目标正好一致。老板为什么要雇人呢？是因为老板需要有人去做某件事情，老板的目标不是给你一个个人发展的空间。这公平吗？非常公平，因为老板不是免费让你打工的，老板给你钱，用钱购买你的技能和你的时间。

那你的个人发展目标呢？仔细看这个问句，你的个人发展目标，当然靠你自己来完成。如果你的公司交派给你的任务跟你的个人发展目标一致，当然好；如果不一致，那么你可以改进公司的产品，提出更高的要求，就像 Lee 做的那样。他做的 Lava 深受文曲星用户的喜爱，他提升了自己，也让公司的利润得到了提升，这是双赢的。如果公司的目标怎么都不能和你自己的目标一致的时候，你当然可以选择离开，但是你也要考虑会不会每个公司都无法和你的目标一致的问题。所以，你也可以用自己的时间去学习，去努力。这个答案其实很清楚，但是不知道为什么很多人都想不到。

我工作 20 年了，在这 20 年里，除了满足公司的要求，在 blog 上写文章，在微博上"灌水"，胡吃海塞，跟漂亮妹子逛街以外，我还有大量的时间去学习自己想学习的东西，做自己想做的事情。

我在第一家公司用 C++ Builder 写财务、打卡、食堂管理系统，在金远见做过 C++ Builder、Arm Linux 下的 C 语言开发，在二六五做过 VC 开发，业余做过 OutLook 插件、浏览器插件、VC++COM 和 ATL 开发，做过 Gtalk 机器人，用 Python，自己创业时用 Java 写搜索，用 PHP 做网站后台，用 shell 脚本来做统计分析，对后台的数据进行采集和分析，后来用 Objective-C 写有道词典 iOS 版的第一个版本，在盛大做"云中书城"iOS 版也用 Objective-C。目前我自己在学习机器学习，在玩 GraphLab（Dato）和 Spark。

我在大学自学过 VB、PHP、C++ Builder，其他的都是在工作期间边做边学的。

追求高薪和个人成长的关系

现在社会的压力非常大，比如要结婚，就要先买房，而在上海、北京这种地方买房，对谁来说都是一笔不少的钱。所以，我当然理解每个人都挣钱心切。但问题是，你要考虑的是挣一年钱，还是挣一辈子钱。

首先你要理解校招和社招的区别（谈的都是 IT 行业）。校招一般来说，企业比较看重你的学校、你的成绩，因为你还是刚毕业的学生，也谈不上有太多社会经验。所以，企业希望你是一个可以学习，可以培养的年轻人，希望你的学历好。而社招又分为两种，HR（人力资源）招聘和项目组招聘，HR 招聘还是比较看重学历，以及你的项目经验；而项目组招聘其实很简单，只看你的项目经验和能力。

刚毕业的学生踌躇满志，想找一个相对更好的工作，是应该的。问题恰好在于你找到了一个相对满意的工作以后，一定要明白，你学历的价值在消退，慢慢地大家就会用对社会人的要求来要求你。就像我，工作了这么多年以后，每次去应聘，别人对我的学校一栏几乎都不看，因为学校对我的影响已经几乎不存在了，塑造我的是一个一个的工作经历。

你可以跳槽，只要不频繁地跳槽，看起来做什么都做不长久就可以，你也可以想赚一份更高的薪水，这都没问题。关键问题在于，你工作了几年以后，有没有一个社会人的身份，有没有足够的经验和能力去支撑这个身份。

当你说你是一个程序员的时候，你有多少项目经历可以说，有多少代码可以 support（支持）你，有多少经验可以跟面试官侃侃而谈？当你说你是一个设计师的时候，你有多少设计作品？

当你工作了几年，跳了几次槽的时候，如果还只能用你的学校说话，你就彻底错了，路是自己越走越宽的，不是越走越窄的，这两者的区别在哪里？在于你有没有真的成长，有没有变成行业的中坚力量，成为人人争抢的人才。

第 二 章

自我驱动：
摆脱
拖延和畏难

理性地设定目标

从概率上讲，大多数人都找不到永恒的爱情，那么是不是就意味着我们要停止追寻？每一个人都有自己的答案。

这世界非常不完美，有太多的问题，我们每个人都不完美，都有点问题。但是，so what（那又怎么样）？

当你寄希望于可以很轻易地解决一切问题的时候，反而更容易受到挫折。

这个世界的不完美，就像一个在无限远处但无比明亮的灯塔，它指引了一个方向，让你知道虽然穷尽一生也不可能到达，但是一直可以前行。我们自己的不完美也如是。

从接受自己和接受当下开始。

有人问，如何理性地设定目标？

首先，我想讨论什么是目标。如果一个理想太远大，你怎么也达不到，它是不是你的目标？如果一个目标太简单，你可以轻松达到，它又是不是你的目标呢？这可能是很多人的疑问。

在这个世界上，大多数人都是被动学习者，这样的人，在整个上学期间都在学习，因为有老师的监督，他们往往可以获得一个还不错的成绩，从而一直都在成长。

不管我们的教育体制有着怎样的问题，你都不得不承认，我们从小学到大学毕业，就是一个不断学习知识的过程。不管你记不记得住，我们都从对这个世界一无所知，变得上知一点天文，下知一点地理。

但所有的学生在就业的时候，都会遭遇一些挫折，发现自己在学校所学的东西往往不能跟工作所需完美结合。所以，出于不被开除，或者希望在公司出人头地的目的，大多数人会在进入工作岗位的第一年，努力学习工作所需的 Know-How（实用知识和技能）。

然后呢？就是同样的工作经验用上 10 年、20 年，直到退休。

这是因为，在我们没有工作前，父母和社会对我们最大的期望是考上大学。当我们大学毕业后，父母和社会对我们最大的期望是找到一个好工作，并一直做下去。大多数人的前进之旅就在这两个目标达成的时候结束了。

而终身学习者是不可阻挡的，他们的特点就是永远都在学习，永远都在成长。

从目标制订的角度来讲，我们的第一个结论就是，不要给自己制订一个太容易实现的远期目标。或者说，远期目标要尽可能地远大，不可达到。或者达到后，马上找一个更远大的。远期目标应该是北极星，它的存在不是为了让你到达，而是为了指引你前进的方向。

我们再说近期目标，近期目标一定要是你可以达到的。每完成一个近期目标就是一个成就，就是一个 milestone（里程碑）。近期目标存在的价值是寻找前进方向的最佳路径。

人是这样的动物，我们本质上没有极限，奥巴马跟你的 DNA 没啥不同，迈克尔·杰克逊跟你也没有什么本质区别。人可以做任何事情。

但是，人首先需要信心和安全感，才敢去追求自己想追求的东西。去做一件事情的时候，如果成功了，你就获得了成就感，这种成就感会让你产生自信心，激励你去更努力地做下一件事情。这叫作正向循环。在正向循环的驱使下，不断地增加难度，我们就可以慢慢地增强自信心和能力去完成一些不可能完成的任务。

很多人因为在学习和工作中受到挫折，就丧失了自信心，不再继续努力，又怎么能前进呢?

但是，值得注意的是，很多人经常遭受挫折，不是因为他们的心理素质差，也不是因为他们能力不行，而是因为他们没有正确的学习方法。

举个例子，我经常发现一些遇到挫折的初学者，问题出在其近期目标太过宏大。

比如有人跟我说："Tiny 老师，我花了 3 天还没把《iOS 编程入门经典》看完，我是不是太笨了？"对，你太笨了，你笨的地方不在于理解能力差，而在于你以为聪明人就可以在 3 天内看完一本技术书。这事谁也做不到，你做不到，并没有什么可受挫的。再说，假设一个牛人可以在 3 天内看完这本书，而你用了 30 天，如果你们的吸收程度是一样的话，那他只是看得快而已，在工作上，也不会比你强多少。当然，这也是急躁造成的一种问题。

学（做）任何一个有难度的东西，我们应该首先设置一个非常小的近期目标，比如写一个"Hello, world"（"你好，世界"，世界上第一个演示程序）。通过实现这个近期目标获得成就感，走入正向循环。然后一点一点地给自己提高难度，一点一点地增加挑战。这样做的好处是，你永远处于正向循环之中，永远有成就感，不会觉得疲倦，也不会有挫折感，而且只要你在每次循环后都追寻一个更高的目标，你的学习速度就是先慢而后快的，你的学习曲线应该是一个二次函数曲线，后期增长会非常惊人。

所以，简单地说，结论是，近期目标一开始要足够低，低到不能再低，然后慢慢提高，在整个提升过程中，始终保持每一个近期目标都可达成，从而进入长效的正向循环之中，追求"乐学"和先慢后快的加速学习过程。

时间和节奏的力量

我在演讲和文章里面多次提过，聪明人更需要努力。

聪明的人，因为脑子快，做事情往往事半功倍，所以形成一种错觉，自己就是厉害，就是不需要下苦功夫。

一般来说，这样说也是对的。这世界上有很多非常简单的事情，比如写一篇 800 字的文章，做一个简单的表格等。对聪明的人来说，这些工作太容易了，一看就知道怎么做，而脑子慢一点的人可能需要几倍的时间才能完成。

但是，这世界上也有很多困难的工作，比如写 20 万字的小说，写一篇 1 万字的长文章，或者管理一个涉及多部门协调的项目。这些事情，有些聪明人可以胜任，有些聪明人就不行了，但是有些脑子慢的人居然也做得很好，完全不比聪明人差。

为什么呢？因为只有当一件事情小到了大脑完全可以一次想清楚的时候，聪明与笨才有价值。任何一件事情，当再聪明的人也不能完全靠脑子解决的时候，核心的问题就在于方法了。

之前有人问我，写文章是不是纯看天分的，因为他发现有灵感的时候就写得很快，没有的时候就不知道怎么写，而且灵感来了，就必须一次性写完。我以前也这么觉得，但是现在有了不同的想法。如果完全靠灵感，你是写不了长篇小说的，太长了，没有人能保证连续写 30 天，天天有灵感。方法是什么呢？写长的东西，不要着急下笔，先列个提纲，把要点都写好了，那么就任何时候都可以写了。

我最近几个演讲都爆火，文章也有几个火的。为什么呢？因为我掌握了一些新的方法。你们看到的我最近的几个演讲，母题其实我已经在跟朋友聊天的过程中无数次触及，慢慢地收集了大家的反应，也通过无数次阅读，给自己建立了一个非常清晰的叙述结构。然后，等到写文章和演讲的时候，一切就变得容易了。

每个人的时间都非常紧张。但是，核心问题不是时间本身，而是你能不能掌握到节约时间的工作方法。

但是，我认为节约时间的工作方法不是戒掉朋友圈，戒掉微博，而是学会掌握节奏。

什么是节奏呢？

就是做事情有规律有计划。总有人说他费了很大心思学英语，为啥英语不长进呢？ OK，如果你去观察的话就会发现，在刚刚开始学的那几天，这样的人往往很有冲劲，可以一天背几百个单词，可以看很多英文文章，然后呢？然后就没有了。如果学英语是一个可以靠三分钟热度完成的任务，那么每个人的英语都学得很好了。我说过很多次，我们每个人的母语都是从连爸爸妈妈都不会叫，只会咿呀咿呀开始学起的，母语为什么都学得好，是因为每天都在用，每天都在练习，每天都在复习，英语只要这样就也可以学好。

那怎样能做到像学习母语那样学习英语呢？找个外国男 / 女朋友是最简单的，搬到外国去也是很方便的。但我还不是学好了英语吗？方法很简单，要有规律性和节奏。大多数人每天看两个小时大陆或者港台电视剧，我换成了看美剧。同样娱乐了两个小时，你学会了很多家长里短、鸡毛蒜皮，而我从《豪斯医生》里面知道了原来病的名字都是"×××disorder"，各种 cancer（癌症）的叫法，从《波士顿法律》里面知道了一堆法律术语，等等。

当没有计划性、没有规律性地做事情的时候，你就没有办法保证做任何一件事情都投入足够多的时间，而有节奏的人，时间是他们最好的朋友。

当你学会每天都花固定的时间做一点点改进自己的事情，一年时间，你的改进就会非常惊人。而同时你会明白，这样人生才不会荒废，对吧？

最开始做公众号时，我觉得我做不到每天都写一篇文章，但是每天讲上一分钟应该没问题。结果讲了 60 多天，积累了 60 多个话题。

后来有一天我开始写长文，慢慢地写下来，也写了十几篇了。有人问，你每天都写长文，怎么写，很难写吧？每次在做之前，我都觉得好难，但是写了五六天以后，我发现我有了感觉，有了节奏。我发现每天都写一篇长文，对练习我的表达能力、分析能力也大有裨益，所以，我乐于坚持下去。

活到一定年纪，人生突然开阔起来，就是因为我发现我可以用节奏和时间来攻克一切难题，突然觉得自己变成了潜力股，无比快乐。

理清头绪，
找到节奏

　　早晨，我在门口的肯德基吃饭，点了一个法风烧饼豆浆套餐，另外加了两根油条，但是当时油条没有了，服务员给了我一个牌子，说好了给我送来。于是，我就开始吃东西，吃完了烧饼，服务员还没来。旁边有个服务员两次路过以后，停下来问我："先生，还差你什么东西？"

　　我说油条。

　　她很麻利地走到柜台边，要了一根油条过来（这时我才注意到，现在暂放架已经有不少油条了，我开始还以为是没炸好，所以没送来）。我说我是要两根油条。

　　她又回到柜台。这时候柜台的服务员说，不知道是谁点的，是一根还是两根。她走到柜台里面问，14号牌是谁点的，找了半天，才找到了给我点单的人。确定了是两根，又给我送了一根过来。

　　这是一个典型的管理混乱的例子。我不想说细节，大家可以想想这个流程里面出了多少问题。

这个比较积极主动的服务员，承担了救火队员的职责，所以，我作为一个顾客，虽然被耽误了5分钟，但是没发展成因耽误10～20分钟而拍案而起，大吵收场。

其实我是一个很友好的顾客，很少吵架。但是我非常喜欢观察各种行业的混乱管理，每次都给我带来很多思考。

有一回我去医院做检查，下午单子才出来，我不得不在医院附近随便吃了点东西，早早地在相关科室等着发报告单。半个小时后，大厅里挤满了等报告的病人，一个医生和两个护士才姗姗来迟。然而他们用一种很奇怪的方法来发报告单（具体方法我已经记不得了），效率非常低下，半天没发出几张，而且医生护士已经搞得手忙脚乱，大厅里面的病人也叽里呱啦地在议论，场面非常混乱。

于是，我挤过去说："您能不能这么试试？"那个医生先是一愣，然后试了试我的方法，几分钟就发完单子了。我就高高兴兴地拿着单子走了。

几个星期后，我又去做了一次检查，发报告单的可能是另外的医生，我已经完全记不得了。又是非常混乱的样子，这次我已经懒得管了，就默默地等到自己的单子，然后打车回家了。

这些年，我谈了很多做事情的方法，经常有人说：你是收入高了，有工夫扯闲篇了，大多数人还困于生活呢。

那天，我跟一个朋友吃饭，我告诉她，我认为哪怕我去做服务业，都可以做得比一般人好。她不信。我说，一般比较便宜的饭馆，服务员的收入比较低，所以往往不会有太聪明的服务员，而且服务员工作得很不愉快。这样，人做事情就容易做砸。但是也有人即使在这样的情况下，做事情也非常靠谱，这样的人一定可以出人头地。

她说，怎么检验呢？我说，有一个非常简单的方法。你一次提一个需求，大多数人，哪怕是吊儿郎当做事情的人，也可以做好。但是，你一次提两个需求，比如你说先结账，然后再拿一杯水过来，很多服务员在结账以后就把你忘了，因为他们心不在焉。这招百试不爽。

我研究这些有什么用？没用，我又不准备做餐饮。但是，又很有用，因为天下的管理都是相通的。做一个肯德基店长学会的东西，可以用在90%的500强企业里。美国有本书里写道，很多亿万富翁，小时候都因为贫困，在麦当劳、肯德基打过工。这份工作一方面帮他们解决了生计问题，更重要的是，一个聪明的人，在麦当劳、肯德基打工时学会的肯定不止怎么做汉堡这么简单的东西。麦当劳、肯德基最重要的东西，一定不是汉堡怎么做。

我看到任何管理混乱的现象，都会联系到我公司的管理方法和现状去思考，看看这些可笑的问题公司是不是也出现过。结果也是百试不爽。

管理跟个人的关系在哪里呢？昨天一个妹子跟我讲，最近工作特别多，导师给的压力很大，每天都很忙，觉得自己又累又乏，工作也没有效率。那些困于工作的人，是不是常有同感？

问题在于你够不够努力吗？问题在于你的老板是不是一个 bitch（贱人）吗？其实更多的时候，问题在于你被工作压垮了。你变成了一个救火队员，疲于奔命，解决一个又一个的纰漏，但是没有时间思考，没有时间提高自己的能力和效率，在解决一个纰漏的时候，又创造了十个纰漏。于是，陷入恶性循环，越来越累，越来越忙，工作越做越差，心情也越来越差，然后你得到了一个结论：生活是一个 bitch，你困于其中。

其实你只是困于自己，你一直没有直面真正的问题，那就是，你做事情没有头绪，没有节奏，没有方法。你以为你在辛苦地工作，但是你从来不思考为什么做不好事情。

所以，我希望大家的自主努力不是在泥潭里面坚持，而是积累，积累改进，积累思考，要跳出泥潭，掌控工作，掌控生活，掌控自己。

笨鸟先飞，
但聪明鸟飞得更快该怎么办？

我在微博看到一条反鸡汤：笨鸟先飞，然后被一只只聪明鸟从后面超过。

有很多人都很认同。我却不以为然，我的回复是：先飞是为了让自己比昨天的自己早到，你非要跟别人比，这不是活该吗？你看看聪明鸟飞得过飞机和火箭吗？

我认为前面那条反鸡汤错在以为一个人人生的意义是比别人强。

跟别人比是没有意义的。我曾经说过，你就算是月赚千万元，还是有人可以跑过来告诉你，他可以月刷卡上千万元。什么时候是个尽头？

对每个人来说，都可以自己跟自己比。昨天迟到了 10 分钟，今天可以只迟到 5 分钟，明天可以完全不迟到，后天考虑是不是可以早到 10 分钟，吃个早点，等等。

怕的是有些人心里面想：我反正怎么努力跑步也跑不过刘翔，

怎么挣钱也超不过王健林，怎么学英语也没有外国人英语说得流利，所以，干脆就算了吧。

前半部分是对的，有时候，不管我们怎么努力，在某些领域都不会成为这世界顶尖的人。

但是，你跑跑步，身体会好，可以多活几年，不好吗？

你多挣点钱，可以多吃点好的食物，可以让家人生活更稳定，不好吗？

你多学学英语，可以更好地跟外国人交流，可以看懂很多以前看不懂的书，不好吗？

人活着，只是为了吃饱穿暖吗？这会不会太容易了？其实动物园的猴子也可以吃饱穿暖，但是，有什么意思呢？

你早起真的是为了让别的鸟看你的屁股吗？

用规律化
对抗懈怠情绪

我昨天发了一条微博，"今天情绪很低迷，晚上吃了自己做的剩菜拌饭，心情才好了一点点"。原因是什么呢？是前天我没有睡好，然后昨天一整天都不是很在状态，很多想做的事情没有做。结果到了下午抑郁的情绪就大爆发，买了一堆零食去吃，然后就更抑郁，睡了一个下午。晚上起来我把中午的剩菜热了下拌了点饭，吃了，情绪才稍微好了一点。

其实我在 2018 ～ 2019 年曾经度过一段很痛苦的日子，那时候每天都是一种死循环式的抑郁，早期抑郁，于是买一堆零食，越吃越抑郁，然后打一天游戏。然而第二天早晨起来，想到自己没有工作，公众号联系广告投放的人也不想理。文章文章写不下去，代码代码写不下去。人就活在一个痛苦的壳子里。

走出那段日子的第一个方法是思考。我找了一个时间 clear all my mind，全部放空去思考。想到了一步一步的解决方法。比如，先提高收入，提高安全感。于是我就开始疯狂地接公众号广告。当然这也有副作用，广告越多，挨骂越多，情绪也会受到影响。这里就不多说这个了，总之我一步步走出来，全靠的是自救。深入地思考自己面对的问题是什么。

而思考的一个大的结论就是对抗懈怠情绪，对抗情绪波动，对抗抑郁情绪，最好的办法是规律化。

情绪化最大的问题就是情绪好的时候，可以做很多事情；情绪不好的时候，就什么都不做。而规律化的作用是，不管情绪好与不好，都可以做一点点，然后看一个月、一年之后，你的积累是不是能有变化。

我之前讲过："很多让人受益绵长的事情，做起来很困难。它们的好处往往不能立刻展现，所以人也就没办法获得即时的成就感。而人的成长也包括能够去追寻那些可能会迟来的成就感。因为人可以从中获得即时成就感的东西，往往难以令人受益绵长。"

这些让人受益绵长的东西，大多数人很难做好的原因就是做好它们需要坚持很久很久。前两天看我的写作的意义的朋友，有不少人可能已经动笔了，但是多少人可以一直写到三天后，五天后，一个月后，三个月后，一年后呢？

你做得到的话会受益无穷。你做不到的话，就是又一次地感动过，但是毫无收获。

怎么坚持呢？很多时候目标定得太大，反而难以坚持。给自己定一个小目标，从一天300字、800字开始，每天都写一点点，发出去。如果能坚持一个月，可以考虑写长一点点。

有一个名词叫基金定投。其实我们如果能做任何让人受益绵长的事情，能持续做几年，收益都比投资10万块钱的基金大得多。所以，我们需要定投自己。

做出规律化的努力。一天一点点，一天一点点。

我们的一切伟业，都从每天一步开始，也因为每天至少走了一步，才有了完成的可能性，加油。

最大的阻碍，
就是自我设限

在微博上看到侯孝贤的一段话："以前我们拍胶片，很贵！现在都数位化了！可以没有限制地拍，年轻人，你们还怕什么呢?! 勇敢地去拍吧！虽然我现在已经 68 岁，但我想我还能拼个 10 年。"

这段话让我很感慨，以前一个名不见经传的人想去拍一部电影，最大的阻碍就是胶片贵，演员你可以找业余的，合作伙伴也可以找业余的或者找朋友，但是胶片一秒钟就是 30 张，每一张都是钱。现在很多有名的大家，都是靠一部制作成本非常低廉的作品成名的，而他们之前做的最大的努力就是攒够或者借到买胶片的钱。

可是到了今天，你用 5D Mark II（在相机里算贵的，但比专业电影设备还是便宜多了）就可以拍高清电影的时代，每一个有自己电影梦想的年轻人都拍出电影了吗？显然没有。

王阳明说："破山中贼易，破心中贼难。"

这句话说得很有道理，从古至今，大家虽然都在抱怨各种外部条件，但是真正阻碍一个人成就一番事业的，往往不是外部条件，而是你内心没有足够的渴望，你没有足够强大的内心去面对这个世界的质疑和自己的彷徨。

我从小就喜欢电脑，从自己还没摸到电脑的那一刻起，我就一直渴望。上高中的时候，我同学跟我说 C 语言比学校教的 GW-Basic 更强大，他买了两本书，我们两个就在摸不到电脑的情况下，生看了这两本书两年多。环境是问题，但是当你真心热爱的时候，你会想尽办法去解决问题。

那时候我住校，家里有一台小霸王学习机（类似一个玩具电脑），只能打 Basic。我有一天想到一个写解释语言的方法，于是我决定模仿 LOGO 语言的语法。可是小霸王学习机在家里，我住校，一个星期才能碰一回，怎么写这个程序呢？我就在纸上写，写了 10 多页。某个星期我回到家里，一页一页地敲进去，敲的过程中，自然发现这个代码很难完美地执行，就边敲边改，大概花了五六个小时才搞完。

如果你总是说你想做好某件事情，但是从来不付出艰苦的努力，从来都是用这个环境不行、那个环境不行来为自己开脱，第一，我怀疑你是不是根本不想做好这件事情，第二，我怀疑你可能什么事情都做不好。

社会在不断地进步，虽然有各种各样的问题，但是不得不说，跟我年轻的时候比，学习做一个东西、做一件事情越来越容易了。有很多非常优秀的年轻人在十五六岁做出来的东西，已经可以让二十七八岁时的我汗颜了。但是，也有更多人，虽然口口声声喊着要学英语，要学写程序，要成为人才，但是看不到他们任何的行动。

几年前，MOOC（慕课）开始流行，全球有很多一流的大学都把自己的课程录成了视频，你坐在家里就可以看到斯坦福、耶鲁的教授讲的课。一夜之间，全球所有人都可以共享到世界上最优秀大学的教育资源了。有很多人惊呼这将改变世界。但是几年过去后，大家发现，虽然这些课程非常优秀，但是看的人并不多，或者说，每一个课程发布的时候，都会吸引无数的学生，但是看完的人并不多，大多数人只看了一节课就没有继续看下去了。

为什么呢？

这给我的反思是，没错，以前的问题在于教育资源的不平等，如果你考不上耶鲁，你就上不了耶鲁的课。但是现在这种情况也许说明，你考不上耶鲁，是因为你没有那么想上耶鲁的课，或者你口头说想，但是实际上根本不会付出那么多努力。每次当你有雄心壮志的时候，你可以几天几夜不睡把全世界最好的 MOOC 视频下载到你的电脑里，甚至你可能去买一个大移动硬盘来存储它们，然后呢？就没有然后了，它们会和你其他的雄心壮志一样，永远沉睡在那里。

就像有多少人立志要学好摄影，买了昂贵的摄影器材，结果出门旅游的时候连带都懒得带出去。

问题永远都不在外部环境，不在这些配件上，永远都在你的内心。

有很多人经常跟我说，他们学了 10 年的英语，还是学不会啊，英语太难学了。这些人是真的智商不行吗？是买不起英语书，买不起词汇书，买不起词典吗？都不是，遇到这种人，一般来说，最简单的检测方法是问他们几个词。你会发现他们对"abandon""absence""aboard"这些词非常熟悉，因为他们背了 10 年的单词，一直在背单词表的第一页，你问一下"b"打头的单词，他们马上就哑巴了。

你问任何一个伟大的人，一个伟大的征程是怎么开始的，怎么一直继续下去的，其实答案大同小异，往往都是先迈出第一步，然后迈出第二步，然后……

大多数的人的问题在于，有时候，他们不敢迈出第一步，有时候，他们不敢迈出第二步……

寻找和突破心障

什么是心障?

我最早发现这个问题是在 2013 年年底的一天, 我想到我已经工作了将近 13 年, 但是我从来没有休过一次大假, 没有去任何地方旅游过。我不是一个工作狂, 经常迟到早退, 我虽然有写代码写到凌晨两三点还不睡的时候, 但是更多时候, 我只是一整天什么都写不出来, 各种晃荡, 刷刷微博, 看看网页。

这 13 年, 假设 1 年有 12 天年假, 也有 156 天, 这还没计算十一、五一、春节的假期, 以及那些双休日。双休日用来去趟韩国、日本固然不够, 但是去郊区踏踏青还是绰绰有余的。假设我是一个热爱旅游的男子, 那么这么多天, 我应该可以环游世界了吧, 至少我应该有时间把我非常想去的美国、日本等国去过一次吧。

OK，钱算是个问题，但是我上班这么多年，糟蹋了这么多钱，买了那么多的苹果设备、书等等，13 年花个几万去旅游应该不算多。

可是，我就是哪里都没有去过，问题出在哪里？

我把这叫作心障，就是说，人生中总有些障碍阻挡着你去做你想做的事情，但是这些障碍里面有一些是现实障碍，如果你真的没有时间和金钱，不去旅游也就不去了。如果你有时间，有金钱，也有一颗说走就走的心，但是你哪里都没有去过，那就是因为心障。

楚门的岛

在《楚门的世界》这部电影里面，金·凯瑞扮演的楚门从小就生活在一个巨大的摄影棚里面，里面有一个小岛，从小聪明活泼的楚门就一次一次接近这个岛的边缘，于是这个岛越建越完善，越来越难以逃脱。机智的导演还设计了楚门的父亲带着楚门一起在海上航行，但是楚门的父亲在风暴中落水身亡的戏码，使楚门害怕那片海。所以，楚门 30 多岁了，还没有离开过这个岛屿一次，没有离开过这个摄影棚，没有见识过自己真实的命运。

看这部电影的时候，我不知道有多少人可以感同身受。是的，没错，我们没有活在一个真人秀里面，我们没有从小被人操纵着长大。但有一天我开始思考，我难道不是活在一个小岛上面吗？

或者说，也许楚门的监狱是导演构建的，我的监狱是谁构建的呢？

真有人拦着我去旅游吗？真的有人拦得住吗？为什么我还是没有出发呢？这就是因为心障。

三点一线

我在上海经常组织"乱谈"会，就是一堆程序员坐在一个咖啡馆里，或者是复旦光华楼前的草坪上，在我的主持下聊天瞎扯。有一段时间，我经常问其他参与的人，他们来上海多少年了，去过哪些地方？有些人体验十分丰富，但是更多的程序员会回答我，来了三四年，只去过住的地方、附近的超市以及公司，或者最多去过外滩之类的地方。

我就问他们，是真的完全不喜欢出去玩吗？有些人说是的，但是另外一些人说，也不是，不过觉得人生地不熟的，所以来了上海那么久哪里都没有去过。

然后，我就会问他们，那么是有人拦着他们去玩，还是说他们没钱坐地铁，或者说他们真的完全没有时间吗？大家会说，也不是啊。

这是我发现的另外一种普遍存在的心障。

学习的成本问题是不是另外一种心障？

当你推荐一本书给别人时，他们往往会问，这本书厚吗？需要看多久啊？或者有人直接会在书评里这样说，这本书很好，但是太厚，看起来需要半个月，不合算。

又或者，我经常被一些初学者问，Objective-C 学起来难吗？他们听说至少要学半年才能学会，问，值吗？再或者，有人会问我，他很想转行做程序员，但是去 ×× 青鸟报一个班，需要 1 万块钱，学半年，性价比怎么样？

虽然我内心觉得知识无价，但是当有人这么务实地问我，我还是会觉得仔细思考性价比、合算与否是很聪明的表现。其实，我有时候也这样，有很多非常想弄懂的东西，但是发现要弄懂就需要看完一本大部头的书，或者需要自己潜心搞半个月，最终还是放弃了，感觉不值嘛，人生苦短，那么折磨自己做什么？

直到……

我 29 岁的那年被诊断出来有 2 型糖尿病，当然你知道这个病不会立刻要人命，而且也不会有什么巨大的猝死风险。但是，我就是这么一个性格，我开始考虑各种终极问题。如果我只能再活 5 年、10 年怎么办？这些问题我之前从来没有想过，但患了糖尿病之后我就开始思考。

思考的结果是，我的一生中虽然有很多遗憾，但是就算只有 5 年可活，我还是想继续做一个程序员。那么如果我还有 30 年可活呢？我还是做一个程序员。

那时候，我感觉自己豁然开朗，我当时 29 岁，如果再活 30 年的话，也就是 59 岁，程序员这个职业干到 70 岁都可以，何况 59 岁呢？

然后我开始思考，如果有一门语言或者一个技术需要我花半年去学，合算吗？我发现怎么都合算。即使是我在 1992 年开始碰电脑的时候学的东西，现在虽然都过时了，我仍旧感觉没有白学，因为那对我形成现在的系统化思维有很大的帮助，对我理解电脑软、硬件的前因后果有很大帮助，而且学会它们以后我使用了很多年。那么，还有什么东西会白学呢？如果学一个东西学了半年，可以用 5 年，当然不亏啊。如果一个东西需要学两年，可以用 10 年呢？也不亏啊。

那天，我觉得我突破了另外一种心障。

《好好先生》

金·凯瑞的电影《好好先生》里面有一段，Yes 大师说：

Life. We are all living it. Or are we?

Change is generated from consciousness, but where

consciousness generated from? From the external.

And how do we control the external? With one word. And what is that word?

Yes.

When you say yes to things, you embrace the possible. You gobble up all of life's energies, and you excrete the waste.

这段大致可以译为：

> 生活。我们都在生活。真的吗？
>
> 觉醒带来改变，但是什么才能让你觉醒？外界。
>
> 我们如何控制外界？用一个词。什么词？
>
> 是。
>
> 当你对事物说"是"的时候，你就拥抱了各种可能性。你汲取了生活的全部营养，并且排出了废物。

当然，我这里不是想说我们应该对外部世界的一切请求都说"yes"。跟《好好先生》的表面相反，但和它的内涵正好一致的是，我觉得你应该对内心的一切请求说"yes"。

记住时刻思考一个问题，我是不是对别人太 nice（友好）了，我对自己该不该好一点呢？

不敢追求美好的生活是不是一种心障？

某天，刚刚融了 5000 万美元的创业公司的一个技术负责人在新浪微博上发了一条招聘启事，大意是，不论使用何种技术，只要是水平够好、热爱生活的人就可以应聘，最高薪资可以开到 50 万一年。

我的公司还在生死线上挣扎，年薪 50 万我需要吗？我当然需要，所以我开始考虑，我够不够格，我算不算一个热爱生活的人。如果是的话，我要不要投一份简历呢？

然后，一个巨大的问题被扔了过来，什么叫热爱生活？我热爱生活吗？如果年薪 50 万需要我热爱生活，OK，我当然可以热爱生活，但是我热爱吗？

后来，我一直没有想起来给这家公司发简历，但是我却找到了一把尺子去衡量自己对生活的态度。不管遇到什么事情，我都会问自己，这算热爱生活吗？

比如，我目前和一个同事合租，一般是我做饭，但是他去买菜的时候多一些，他总是买一些很常见的蔬菜，比如胡萝卜、土豆、西红柿、黄瓜，这几样几乎每次都买。我总是按照他买回来的菜来做饭，有一天我就开始想，这不算热爱生活啊。我天天吃这几样菜，做这几样菜，就算没吃腻，做也做腻了。

于是，我就跟他商量，我说我发下宏愿，要把周围菜市场里面所有种类的菜都炒一遍，让他以后买菜时记得买些没吃过，或者没有做过的蔬菜。于是，慢慢地，他买回来芦笋、山药、茭白、豆芽、荷兰豆、韭黄等，我们吃得越来越丰富，还发现了很多我们两个都很爱吃的菜的做法。

有一天他带回来一个西葫芦，我小时候吃过无数次，但是很多年没有再吃过，而且没有见过做好之前的西葫芦的样子。我就问他这是什么，他说他也不知道。于是我只好拍了张照片，发在微博上，很快，很多人都说这是西葫芦，我就找了一个菜谱大致看了下处理方法，然后按照自己的想法做了一道菜。结果我感觉很好吃，很久没吃到这种味道了。

再后来，我干脆开始扩大烹调的范围，开始尝试自己烹调鳕鱼、扇贝、带鱼、龙利鱼，过段时间，我还准备挑战自己焗龙虾。

我认为这是热爱生活。但是这种热爱，不是说你一定要抽出时间自己做饭，也不是说你学不会做饭也要硬学。

寻找和突破心障的意义在哪里？

年轻的时候，我是一个效率主义者，吃饭喜欢吃好消化的东西，喜欢吃能量高的东西，喜欢吃得很快，所以长得这么胖。走路的时候，我会特意挑近路走，甚至跟赛车一样追求最佳入弯角度，等等。学习的时候我也喜欢走捷径，喜欢各种各样的技巧，喜欢问这说明什么，希望找到真理，希望一切都有完美的答案。

随着年龄慢慢地增长，我才发现，快并没有太大的用处，很多时候，我们起步得很快，但是放弃得太早。有的时候，我发现真正浪费时间的不是工作效率不够高，而是在翻来覆去地纠结。

人生是一个很漫长的旅程，我们很难知道它的意义在哪里。但是人生来就喜欢追寻意义，可是问题来了，"挖掘机技术哪家强呢"？你在问这个问题的时候，纠结太多，你会发现最终什么都没有学会。你唯一追寻到的是"挖掘机技术哪家强"这个问题的答案，不是学挖掘机本身。

寻找和突破心障的方法是寻找一种对美好世界和美好人生的渐近解，首先我们承认自己对这个世界的终极一无所知，但是我们知道近一点比远一点更好，我们不知道完美世界的图景是什么，但是我们可以一点一点努力去接近它。我们不知道目标在哪里，但是从渐近解出发，我们永远可以找到一个方向，一个清晰的方向，它可以告诉我们，我们一直在前进，一直没有停歇。

再也不见，
拖延症

缘起

　　小时候，我父母一直教育我要好好学习。小时候的我非常淳朴，上课就非常认真，做作业也是。第一年期末考试前，我说我复习完了，我妈就很担心我不能耐心复习，要求我再复习一遍，再复习一遍，我还是很快完成了。我妈就非常担心我还是没有认真地复习。于是我想出了一个主意，我把语文课本翻到全书的生字索引目录，告诉我妈，我可以整个背下来。真的背下来后，她相信了。那一年我考了双百。

　　后来，随着年龄的增长，我开始变得浮躁，我发现我还是有点小聪明的，根本不需要这么认真就可以考到还不错的分数，而且大多数时候，学校老师教的东西都太简单无趣，我就慢慢变得没那么认真和有激情了。那一年，数学老师做班主任，我当时数学在班里面最好，于是她让我当课代表。

有一天，我忘了写作业，但是我把全班的作业交给她的时候，她问我齐了没有，我就说齐了，她也没有点数就走了。那一天我都很紧张，怕她会发现，结果第二天一早，她让我把作业发下去，提都没提我没交的事情。就这样，我就开始了连续一年多不交数学作业的日子。有一天，她很生气，在课堂上很激动地说，某某题已经讲过了好几次，昨天的作业怎么一个同学都没做对？她还问我："郝培强，你怎么也没做对？"我支支吾吾的，她就说："你作业本呢？拿来我看看。"我当然拿不出来，于是露馅了，我人生第一次的"从政"生涯就这么草草结束了。

也许是那一年养出来的习惯，我放学回家第一件事情就是玩，往往到了第二天早晨，才会去看老师布置了什么作业，在上学前赶作业。这样当然常常赶不出来。所以就出现了很神奇的一幕，我经常因为成绩好得到很多老师的青睐，也经常因为交不上作业被老师罚站。小学的时候，曾经有一段时间，我天天早自习在暖气片上补作业，那时候，每天一上早自习，我和另外两个"惯犯"就会自觉跑到暖气片旁站着写作业。老师看着也是又好气又好笑。

到了高中，我长期坐在我们的美女班长后面，她负责收全部的作业，每次她都会扔一个作业本给我让我抄，我经常选她的来抄。

她最不爽的是，我经常边抄边给她改错，从来不肯消消停停地原样照抄。

上班以后，一开始，公司就在距离我租的房子不到 500 米的地方，我很少迟到。然后，过了半年，我换了个房子租，住到了一个朋友家，离公司有点远，每天打车上班，但是天天都迟到。

后来我听说了一个词叫作拖延症，我如获至宝，终于知道自己有什么病了。不过既然这病这么流行，也就无所谓了，不管去哪里上班，我都迟到，不管写什么文章，我都拖稿，不管做什么项目，我都 delay。朋友有时候说起，我就一摊手，我有拖延症啊，你拿一个"病人"该怎么办？

转变

直到去年我喜欢走路开始，我才意外地发现，不管去哪里，虽然是靠走路和坐地铁，我却从来都不迟到。我一开始还以为有什么魔法，不是汽车更快吗？不是打车更舒服吗？为什么坐地铁和出了地铁之后走很远的路，反而会更快到达目的地呢？我开始仔细观察自己，我发现，打车 30 分钟你可以舒舒服服地玩手机，所以在你的感觉里就跟 5 分钟一样；而走路 5 分钟，因为你懒，你就觉得跟 30 分钟一样。我们的感觉并不能切实地表达这个世界的真实。

而地铁和走路基本上是速度恒定的。打车则受路况的影响非常大。同样一段路，运气好的时候10分钟就开过去了，运气不好的时候可能堵40分钟。我们选择打车往往都是因为时间已经来不及了，很着急。因为打上车以后，几点到就不受你控制了，你的急躁就得到了一定的缓解。但是，如果你想要一个稳定的速度，有时候略慢一点的地铁是更好的选择。

这使我开始思考，关于着急和快的关系，我们的直觉往往是错的。我在前文中讲过，大多数人以为自己求快，但是他们只是着急，所以，实际上反而快不起来。

这之后，我就变成了一个非常守时和靠谱的人，跟朋友约会，往往可以做到非常精确地准时到达。如果行程比较不可控，我就会选择早点到，看看书，休息休息之类的。

增强

这之后，我就开始思考其他的拖延问题。我发现其实并没有一个统一的原因造成我的拖延。

有些文章老是拖稿，为啥呢？我是出了名的"快枪手"，写一篇文章往往就是想好创意以后10分钟写完。拿《我是怎么学英语的，四级没过如何突破听说读写》这篇万字长文来说吧，其实我也就写了一个白天，5～6个小时，基本上就是除了喝水、上厕所、找Wi-Fi（移动热点）和走路的时间以外，写的时间都是在飞快地打字。但是，我以前确实经常拖稿。那时候写东西一样快，只不过经常答应媒体写一些我自己并不一定有感觉的命题作文。想通了问题在于命题作文后，我就再也没有拖过稿了。要写就写自己有感觉、有体会的话题，所以写文章都可以一气呵成，几乎完全不加修改。（因此，经常会有些笔误，但是我不在乎，当内容完全超越形式的时候，形式的价值就不大了。）

以前我跟大家一样，制订的英语学习计划老是完成不了。我仔细审查了一下发现，原来是因为计划太过急进，同时节奏并不合理，没有合理地分解流程。如前文提到的我学英语的方法，就很简单。我不再做什么每天背多少单词、每天看多少文章的计划，我只是简单地把全部娱乐变成了不加字幕的美剧。（活人不要被尿憋死，经常有人问我，找不到这样的美剧怎么办？找得着就看，找不着就用东西把字幕遮着看。当你快饿死的时候，碗里面有肉，有筷子你吃，没有筷子你就不吃了吗？）结果两年下来，达成的目标远超那些天天辛苦背单词的人。

所有所谓的拖延问题都被我解决了，但是我从来没有去解决过一个叫作拖延症的东西。

拖延症这个概念是对人有害的。因为每个人的拖延都有无数的原因。假想存在一个具体的病症，而不去针对具体的事情具体分析，这是很多人的拖延症永远得不到解决的要因。

其实方法很简单，找到生活的意义。

然后，一点一点，一件一件地解决你身上的问题，从小的问题开始，一点一点地放大，追求持久化，追求自我完善，追求成长。

是吧?

一个初中
肄业生的奋斗

　　我认识我的前妻是在 2008 年的时候，那时候，我和朋友开了一家技术咨询公司。后来，有一家做积分之类的网站找到我们，说他们的系统稳定性太差，问我们能不能解决。当时那家公司离我家比较近，就由我主要负责这个项目。

　　那家公司人不少，不过做技术的只有几个人，跟我接洽的主要就是我前妻和另外一个小伙子。谈了一段时间的方案，后来，我开始介入他们的开发流程，当时我前妻负责的内容最多，所以我跟她打交道很多。

　　她代码写得有点乱，所以，我就问她是什么学历，她就说是某大学毕业，后来上了 ×× 青鸟的培训班学的编程。

　　我们业内一般都喜欢嘲笑培训班出来的学生，有几个原因。

　　1. 求职简历都写得完全一样。你第一次收到某培训班学生的简历，可能感觉还不错，觉得学生懂的东西不少，参与的项目也有点意思，说话也头头是道。然后，当你发现后面30份简历都几乎一模一样的时候，你就会想说，这个样子的简历一份也不想要了。

2. 缺乏自学能力。很多人就是因为觉得自己没有自学能力而去了培训班，去了以后，觉得"让我学会"是老师的任务。这样的学生，即使最后学会了老师教的一切，往往也是废的，因为东西稍微变化一点他们就学不会了。

3. 不懂得任何良好的编码习惯和调试、调优技巧。培训班的老师们把课程全部都灌输给学生已经够困难了，这些自然就是奢谈。当然，国内大部分大学教出来的学生也是这样的。这些东西太庞杂，太烦琐，靠看书和老师教很难习得。必须自己不断地去做东西，在这个过程中不断地改进自己。

4. 很多老师和培训机构为了追求就业率，传授各种简历制作和面试技巧，甚至不惜帮助学生作弊，统一教出来，所以学生们的简历和说话都是一个味道。

5. 因为无知而狂妄。

我个人从来不会鄙视任何一个从培训班出来的学生，但是，对这种现象，对不能跳出来的人，自然也没有什么尊重。她倒是有点不同，对我特别客气，什么都问，什么都想知道。我对所有可以虚心学习，并且有一定悟性的人，都很友善。

我就发现她最大的问题在于完全不懂好的编码习惯是什么。甚至到了基本上不用函数的程度。她当时在那家公司写 ASP（动态服务器页面），代码都是面条型代码，一个页面可以写到几千行，但是一个函数都没有。自然遇到了问题也不知道怎么解决，也没有任何简单的调试技巧。更重要的是，即使找到了问题，改起来也经常出问题。

于是，我就开始教她什么是函数，什么是抽象，为什么代码要工整，为什么要缩进对齐。

这些东西她慢慢学会了以后，代码质量就提高了很多，出的问题也越来越少。

她很高兴，说要请我吃饭。我当时收入高她很多倍，当然不会让女孩子请我吃饭了，于是我就请她吃饭。慢慢地交往越来越多，后来我们就在一起了。

在一起以后，她才告诉了我很多她以前的事。

她老家在一个农村，父母务农，姐姐从小去北京打工，哥哥们也都在外地打工。她小学成绩还不错，到了初中，上学也没有心思，结果初中没上完就辍学了。她在家里务农，帮父母做做饭，放放羊，做些农活。到了十六七岁，她姐回老家的时候说，小丫头这么小，在家里务农就废了，既然不上学就跟她去北京打工吧。

她就这样来了北京。她姐嫁了一个本地男人，刚生了孩子，她来北京的第一份工作就是帮姐姐带孩子。孩子上幼儿园后，她和姐姐一起在门口的小饭馆、招待所打工，端盘子、洗床单、铺床单等等。

后来，她姐觉得要学一门手艺，于是去了理发店打工。因为她姐学得很快，又很会来事，慢慢地就成了理发店的顶梁柱，也成了女老板的好朋友。然后有一天，理发店的女老板问她姐想不想自己开店。她姐其实很有野心，就答应了，回家后两口子凑了点钱，又借了点钱，把店盘了下来。

然后，她就跟着她姐一起学理发。

那是北京胡同里面的一家小理发店，客户都是周边的住户，以大爷大妈为主。她在这样的理发店里面做学徒，月工资也就 800 块钱，住在姐姐家里。

有一天，来了一个小伙子理发，这个小伙子西装笔挺，背一个干净的公文包，看起来很精神。她很少见这样的顾客，就跟他攀谈起来。小伙子说自己是北京工业大学毕业的，毕业以后，上了 ×× 青鸟培训班学编程，现在写程序一个月可以挣 8000 块钱。她当时就傻了，整个胡同里面都是些北京糙老爷们儿，都是做一些扯淡的事情，她还没见过正经上班，而且挣那么多钱的年轻人。

她就问了一个改变她一生的问题，她问，她初中都没毕业，可以去学编程吗？那小伙子说可以。

于是，虽然她从来都没有碰过电脑，也不知道什么是编程，但是她已经有了一个理想，那就是做程序员，一个月挣 8000 块钱。

她跟姐姐商量，她姐说："你初中都没毕业，脑子不好使，学不会的，程序员都是聪明人做的。"她其实也不知道自己能不能学会，但是月薪 8000 块钱太诱人了，就继续死缠着她姐。

最后，她姐夫问："学 ×× 青鸟要花多少钱？"她说："买电脑需要 8000 块，学习需要 1 万块。"她姐夫就说："这些钱咱们有，既然丫头有这个想法，咱们就让她试试吧，万一学不会，电脑也不会糟践，咱们可以自己留着玩游戏看电影。"她姐拗不过这两个人的意见，最终同意了。

于是，家里买了一台电脑，给她报名上了 ×× 青鸟。

她说，第一次上课的时候，老师课后说，请大家把今天的资料用 U 盘拷走，然后关机下课。她闷了一天，终于跟旁边的人说了两句话，一句是问什么是 U 盘，一句是问怎么关机。

半年后，培训结束，她开始找工作，费尽千辛万苦，找到了第一份工作，月工资 1800 块钱，干了不到三个月就被开除，因为不会的东西太多。第二份工作，一个月 2000 块钱，也没干满三个月。我认识她的时候，那是她的第三份工作，她勉强做下来了，虽然代码写得不够好，但是毕竟没有被开除。当时她一个月挣 2400 块钱。

我当时就问她，2400 块固然比 800 块钱多，但是做学徒包吃包住（虽然是在她姐家，但是去别家也差不多），800 块花不了多少，而且干满一年多、两年的话，工资差不多也能涨到 2000～3000 块。

相比之下程序员其实赚得也不算多吧？

她就说，当找到第一份工作的时候，她就买了白衬衣、西裤、小皮鞋，感觉自己是一个白领。以前端盘子、理发，都像是伺候人的活儿。而且她觉得自己现在本事不大，挣少点合理，未来一定可以挣到 8000 块。

后来，她所在的公司跟我们公司扯皮，想赖掉咨询费，甚至拿我和她谈恋爱说事。我的合伙人去起诉了那家公司，我们赢了，拿到了咨询费。我跟她说，这家公司太不靠谱，哪里都有好工作，就让她辞职了。

后来，我告诉她 PHP 市场比 ASP 大，她就开始跟我学，学了一段时间，然后找了一份新工作，一个月挣到了 4000 多块。

后来，我们结婚了，她怀孕了，生了我们家小宝贝郝依然。断奶以后，她想去上班，希望我能帮她找一个收入可以提高，而且可以锻炼自己水平的工作。

我当时就问了问朋友们，我有个好朋友老刘当时在某家公司负责技术，他那里正好缺人。我就把我前妻的情况跟他说了下，他说："咱们关系虽然好，但你能不能坦率地说，你老婆的水平到底如何？"我说："PHP 是初学，以前写过几年 ASP，水平一般，经验还不够，但是优点是非常聪明，而且非常肯学。"

老刘说："可以让她来，但是我先说明白，即使是你的老婆，我该批评该骂也不会客气。你们要想清楚，别到时候被我骂哭了，又走掉，就浪费大家的时间和精力了。"

我就跟我前妻说明了情况，老刘技术很好，对人也很严格，在他手下工作成长得会很快，但是他性子特别直，不会因为我们的关系就对她特殊照顾，如果她不能努力的话，很可能就没办法站稳脚跟。

结果她信心满满地答应下来了。

然后第一天下班，她到家就抱着我哭，我问她咋了，她说老刘骂人太狠了，要求太高了，她哭了一整天了。

我说："那就算了吧，哪里找不到一份工作呢？"

她说："不，我觉得老刘骂得对，这样对我严格要求，我会成长得很快的。"

于是，每天回家她都哭，但是哭的次数越来越少。

有一天，我打电话问老刘，问她做得如何。老刘说，基础真是差，但是人也真是好学，怎么骂都只是哭，从来不发脾气，哭完了认认真真做事情，做完了才走。转正后，她月工资到了6000块。

到今天，老刘和我前妻都还是好友。

又过了一两年，我在北京创业失败，要去上海的盛大工作。她也要跟我一起去上海。老刘他们公司非常舍不得她，甚至给了她继续远程工作的权限。但是因为网络延迟的问题，工作起来非常不便，最后她还是辞职了。

她没了工作以后，情绪很不好，也经常觉得很无聊，我们经常吵架。我就跟她商量，与其现在找工作，不如趁机学习 iOS 开发，行业正在起步，机会非常多，容易拿到高薪，而且现在学可以跟很多资深的程序员站在同一起跑线上，非常合算。

她后来就听了我的话在家里学习，但是她可能还是缺乏环境，而且对 iOS 信心也不足，学得非常慢。

后来有一次有一个朋友约我喝茶，我就拉她去。那个朋友一个劲地跟我诉苦，说 iOS 程序员不好找，月薪已经开到上万块了，还没找到程序员。我们就一起聊了下这个项目，项目本身挺有意思，但是因为一直找不到合适的人，基本上停工待料，在空转之中。我就暗暗捏了一下她的手。

然后，我说，我老婆做 iOS 做得还不错，不过最近一直在帮我做一个朋友的外包项目，走不开，要不然一个月以后那个外包项目结束了，就让她去帮他。那个朋友非常高兴。我就继续问，如果她过去，他可以开多少。他说："你说个价格吧。"我说："一万二千元吧。"那个朋友答应了。

回家，我问她："一个月一万二千元，工资翻一倍，你学习有动力了吧？"

她说："太有了，我保证可以学会。"

一个月以后，她去上班，兴高采烈的。不过下班回来，她说项目好复杂,不知道自己能不能搞定。我也有点担心。过了几天,她说:"我们老板想请你吃饭,今天晚上卜班你来接我,我们三个一起吃个饭吧。"

我心说,难道是她干得不好,要被开除了吗?

到了那里,寒暄了几句,我就怯怯地问,她做得如何,她老板非常高兴地说,太好了,之前拖了几个月完全没有进展的东西,现在全都动起来了,她简直是他的救星。

后来又过了一年多,我们两个感情越来越差,渐行渐远,慢慢地感情不再,最后离婚了。

离婚后,她回到了北京,在朋友的介绍下,进了360,月薪一万五千元。当时她所在的部门,大多数人都来自微软,至少是工作四五年的程序员。她是技术最差的,不过人缘不错,也很好学,很快就站稳了脚跟。

一年多以后,很多同事跳槽,纷纷拉她去,最后她跟着一拨同事去了另外一家目前如日中天的公司,月薪一万九千元。

再后来,干了一年多后,她又跳槽到了另外一家BAT级的公司,年薪40万元。

头些日子,入职以后,她转发了一封邮件给我,是她发给那家公司HR的信,大概内容是:

我发给你的简历上写我毕业自某某大学，但是实际上我最高的学历是初中，甚至都没毕业。我是在××青鸟培训以后自学这么多年的，不过我曾经服务于360和某某公司，这些公司的同事都知道我的学历很低，但是他们都可以证明我的工作能力。我之前给你们假的简历是怕初筛的时候就把我刷掉。现在既然已经过了全部笔试面试，我不想欺骗你们，如果你们觉得我的学历是不能接受的，就请收回offer（录用许可），如果你们觉得可以接受的话，我马上就可以办理入职手续。

最后，这家公司的HR回信让她尽快入职。

她在那个公司干了几个星期以后，已经是自己所在小组的骨干了。后来部门领导还找过她，认为她做得不错，希望她转行做这个组的team leader（团队领导），但是她觉得自己应该在技术领域再学习一段时间，暂时拒绝了。

我还见过很多很多例子，所以，我看人从来不看起点，只看一个人是不是努力。

我很市侩地把她每一个阶段的工资都列出来，其实也是想说，这是一个从月薪800块到年薪40万块的缓慢历程，说起来很简单，但是里面其实有无数的艰辛。

我以前跟很多人讲过这个故事，有人说她运气很好，遇到了我。

我也很自得，在她的成长过程中，我帮助了她很多。但是，我认为我能起到的只是催化剂的作用。根本原因在于她是一个对的人，遇到了我这样的人，可以加速成长，没有遇到我，也许她成长得会慢一点，但是也会成长。

我写这本书，从来不想成为诸位的推动力，如果诸位学习成长还需要人推的话，sorry，我不认为你们是我的读者，或者说，不是我要的读者。我希望你们每一个人都是自己有动力的，自己希望成长，自己付出努力的人。在这个前提下，你有些困惑，也有经验不足的地方，我可以尽全力去帮助你。

前方没有终点，一切都有其可能性。我相信这本书的大多数读者，起点都比我前妻高。她并不是天赋异禀，只是执着地去追求自己的幸福和成长。虽然我们最终选择分开，但是我一直对她的信念心存敬佩。我相信，我的读者里大多数人的成就会远超我的前妻，也远超我。因为你们更年轻，更早有机会懂得很多我到今天才参悟的道理。

技术总监
Sycx 的故事

其实我在各种演讲里，在线下吹牛时无数次提及他，讲过他的故事，但是没有认认真真地详细讲过一次，所以，今天就讲讲他的故事吧。

入职

2010 年，我刚开始这一次创业的时候，刚刚拿到投资，办公室还没租，一切都在草创阶段，我收到了一封邮件。大意是，他叫 Sycx，从福建来，是 Tiny4Cocoa 论坛的用户（我的论坛 OurCoders.com 的前身），想在上海找一份 iOS 的工作，想听听我的意见。

这样的邮件当时我一年怎么也要收到几百封，我也见过很多年轻人，于是我就答应他了，约在世纪大道附近的一个星巴克见面。

第一眼见 Sycx，我感觉他是一个很腼腆的年轻人，个子不高，穿一件"宅 T"。

我问他为什么要来上海找工作。

他说，他是福建的，本来想找家附近的工作。但是整个福建好像都没有啥 IT 公司，他找到的唯一有 iOS 工作机会的公司，还是一家做盗版的公司，所以，就想找外地的工作。想了几个大城市，感觉北京太冷，觉得广州、上海都可以，不过查了下发现上海的漫展比较多，于是想来上海。

我心想这孩子要不要这么"中二"啊？

我就问他为啥学 iOS 开发。

他说，他本来买了一个挺贵的 Nokia（诺基亚）手机想学塞班开发。然后，逛街的时候手机被小偷偷走了。

这时候，我已经快笑出声了，心想这是什么笨孩子啊。我问，然后呢？

他说，之前买了一个听歌用的 iPod touch，于是他就想干脆学 iOS 开发吧，他把家里的电脑装上黑苹果系统，就开始自己学。

我问他学了多久。

他说学了半年的样子。

我其实对用黑苹果学 iOS 开发的人有点成见，因为我在网上见得太多了，很多人费尽心力想省钱，安装一个黑苹果来学 iOS 开发，学来学去，学成了黑苹果专家，但是 iOS 开发呢？根本没有动手。

然后，我问他什么学历。

他说，他毕业于 ×× 职业技术学院，学的是网络游戏建模。

我问他为什么学这个专业，他说他的专业有两个方向，另外一个方向是网络游戏编程，但是老师说，其实学校没有老师可以教这个方向，所以，他才学网络游戏建模。

我心说，这上的是什么垃圾学校啊。

然后，我问他："大学毕业了你在做啥？"

"我留校当了半年的机房管理员。"

"然后呢？"

"然后，我去电脑城做技术员，做了 7 天就被解雇了。"

"为啥？"

"本来是我同学介绍另外一个同学去，然后被那个同学放了鸽子，就问我去不去。我想闲着也是闲着，就去了。"

"然后呢？"

"然后待了 7 天，老板说，你怎么连跟客户说话都不会，一台电脑也没卖出去。我才知道，原来是要我卖电脑的。我还以为我是负责修电脑的。"

然后他无辜一笑。

我快昏倒了，这是什么白痴孩子啊。"然后呢？"

"然后，我在家里窝了半年，觉得要出去找工作，就买了一个Nokia 想学塞班开发，还丢了。"

嗯，我基本上明白这个孩子的故事了。

简单点说，这就是一个普通大专毕业的孩子，找了两个不怎么正经的工作，都没做好，运气和脑子还不好，生活、做事情都吊儿郎当，自学塞班开发都能以丢手机告终。我估计这孩子 iOS 开发也学得不怎么样。

我开始考虑该怎么安慰这个孩子，再劝勉一下，告诉他如果不努力一辈子就这样庸庸碌碌下去了。

然后，我问他，他自学了半年的 iOS 开发，有没有做过自己的APP。

这时候他拿出他的 iPod touch 给我看一个听歌软件，界面居然很清爽。现在想想倒也没有什么特别出奇的部分，但是，清爽、干净、逻辑清晰，一点基础加自学半年可以到这个水平，确实有点惊到我。

但是，一个听歌软件在互联网时代不能自动下载歌词总是有点遗憾，我就问他为什么没有做。

他说，这是发布到 APP Store 的版本，他最早做的版本是可以自动下载歌词的。但是提交到 APP Store 的时候被拒绝了，因为提供歌词会侵犯歌词作者的版权。所以，他最后做了一个"阉割版"

提交到了 APP Store。

这时候，我突然有点小激动。就问他："你英语好吗？你是怎么提交到 APP Store 上面的呢？"

如果不是做这个专业的，你可能理解不了。那时候 iOS 开发刚刚兴起，大多数人能学会 iOS 开发已经不错了，很多人学会了怎么做 iOS 开发以后，就是学不会怎么把 APP 提交到 APP Store。原因很简单，提交一个 APP，需要在苹果的纯英文网站上，做很多步的操作，还要填写英文的说明等。像他这样提交以后被拒绝一次，又重新上传成功，则更复杂，往往需要用英文跟 APP Store 的审核员对话。

他说："我英语不好，学 iOS 开发的时候看不懂文档就查词典，现在文档都看得差不多了，不需要查词典也可以看了。提交的时候，看到英文单词不认识，也是一个一个查词典搞定的。"

到了这个时候，我已经基本确定这个孩子我要定了。

从他的学历和他之前的经历来看，我相信大多数靠谱的公司不会要一个听起来这么不靠谱的孩子。但是，从他自学 iOS 半年的成果来看，我觉得他是一个很有潜力的孩子。

我认为可以自我学习、自我成长的人都是前途不可限量的。

于是，我就跟他说："我觉得按照你的简历和你刚才描述的从业经历来看，在上海你可能很难找到不错的工作。我的公司刚刚起步，急需用人，我从你的自学经历来看，觉得你是一个可造之才。如果你愿意来我的公司工作，我可以给你开税后 ×× 元，虽然不多，但应该是一个不错的开始。如果你能一直努力下去，我相信你会有一个很好的前途。"

他摆出一副"好在你要了我，否则我也不知道该怎么去忽悠别人"的表情，爽快地答应了。

于是，我的公司就有了第一个员工——Sycx 老师。

成长

公司开张后，我开始给他安排工作，公司当时就我们两个 iOS 程序员。一开始，主力是我，我让他做一些辅助性的工作。做着做着，我发现他做得又快又好，我就开始给他分配更多的工作。然后，我发现他仍旧可以又快又好地做完的时候，我就开始慢慢调整，让他做项目的主力，我来做辅助性的工作。

又过了一段时间，我发现我连辅助性的工作都不需要做了，他完全变成了公司的主力，我把更多的时间和精力花在了服务器端的工作上。

我觉得他超过了我把他招进来时的预期。其实我一直觉得自己是一个自学能力很强的人，我也有一些朋友是这样的人。但是，我不知道我自己开公司的时候能不能招到这样的人。发现他是这样的人以后，我就觉得我终于找到了我可以去管理的员工了。

我开始给他一些压力，交给他一些他当下可能不能很好解决的问题，一点一点地加压，他一次次都在没有求助我的前提下把问题解决了。

LBS（位置服务）地图

有一段时间，我很看好 LBS，很想做一个 LBS 的社交应用。我想把一个人的通讯录里面的全部地址信息，用 Google map（谷歌地图）反查出经纬度，然后都显示在地图上。这个不是很靠谱的需求最早来自我一个朋友。我确实也有类似的想法，于是就让 Sycx 去做。

他做了一天后，就给我做好一个 Demo（演示）版本，基本上跟我的预期很像，但是，我的通讯录里面在上海的人很多，大家在地图上的图标都重合在一起，想点任何一个具体的人都点不到。

我就让他去找一个地图点聚合的算法，把这些距离特别近的人，聚合在一起显示成一个数字。

半天后，他给了我一个新的 Demo，很漂亮，显示效果很好，在他的手机上也很流畅，但是在我的手机上卡得不行。因为我的通讯录里面有五六百人。我就跟他说："你要把这个算法优化下，我要的是同屏显示 5000 个人都不卡。你要理解，屏幕不显示的部分都不应该参与计算……"

过了一个晚上以后，他给了我一个新版本，达到了我的要求，同屏显示 5000 个人都不卡。

然后，这件事情我就忘掉了。直到半年后，有一个技术会议，我是出品人，在寻找演讲者，实在凑不够数了，我也希望他锻炼锻炼表达能力。我就问他，我们最近做的项目，有没有技术上比较复杂、比较有意思可以讲讲的。

他摸了摸头说，都没啥可讲的。这孩子啥都好，就是表达能力很差，也没有同理心，在他看来我们做的项目都不是很难。实际上，这个地图同屏 5000 个点的聚合算法还是挺有技术含量的。但是他说不出个所以然，我只好在黑板上列了个题目，然后一步一步地问他，之前的速度和后来的速度差了 1000 倍，是怎么一步一步优化的。他找来了代码，在我的追问下，一点点回忆。

原来里面包含了数字计算的精度降低、屏外剪枝、从排序选择最佳代表点改为随机选取代表点、动画提交合并等七八项大的优化，这一切都是他一个晚上边分析边搞定的。

LBS 口袋妖怪

有一段时间，我想尝试做游戏，当然后来发现由于团队构成的问题，我们可以写一个游戏出来，但是美术、策划、运营方面的事情我们搞不定，所以就放弃了。

我当时设计的游戏是在手机上基于实际地理位置的口袋妖怪。因为我们缺乏设计方面的人才，我就让他去把口袋妖怪的图片资源和数值扒过来，在开发阶段直接用，等到我们有了自己的设计、策划力量以后再替换过来。

他研究了半天告诉我，网上有口袋妖怪的 wiki 站点，里面几乎包括了我们需要的全部数据，我说那太好了，直接用吧。

不到一个星期，在 iPhone 上的口袋妖怪战斗场面，他就做出来了。

这个项目我最终还是放弃了。不过我还经常在饭局上把我们做的半成品给朋友看。有一次，我和 Sycx 还有我的好朋友莫老师吃饭，莫老师问起我们在做什么。我想让 Sycx 锻炼下，就让 Sycx 来介绍，他又扭扭捏捏半天，啥也没说出来。

我就开始讲，我们做了一个游戏，准备用口袋妖怪的数据，幸好网上有个口袋妖怪 wiki，有几乎包含全部口袋妖怪数据的数据库，我们把这个数据库……

这时候，他打断了我，说没有数据库。

我说："没有数据库，你是怎么导入的？"

他说："只有一个 wiki，我自己写了一个爬虫，把 wiki 的页面全部爬了下来，然后生成了一个数据库。"

莫老师说："不错啊，做 iOS 的小伙子还会做爬虫。"

他说："为了这个项目现学的，很好玩。"

我在旁边倒了一杯冰啤酒，抿了一口，心说：我手下的人靠谱吧？连我都不知道他还做了这么多额外的事情，悄无声息的。

排版项目

公司后期其实有点混乱，因为一开始瞄准要做的 APP 推荐网站，我们没有做好。而我们做的其他 APP 大多数也不卖座，偶尔有几个反响还不错的，下载量、购买量都微不足道。有一段时间，我很消沉，不知道该怎么突破。

后来，我想不管公司如何，我们做点纯技术的东西，说不定可以拯救公司。那时候，我很看好苹果做的 iBooks author（一款电子书制作工具），用它可以轻松做出来能在 iPad 上使用的图文并茂、有多媒体的交互电子书。但是，这个软件是和苹果的 iBooks store

绑在一起的，因为政策和法律的原因，苹果的 iBooks store 根本没有进入中国。

于是我想了一个办法，我们能不能自己做一个兼容 iBooks author 格式的阅读器，这样苹果的 iBooks author 就等于成了我们的编辑器。

我花了一天的时间去分析 iBooks author 的文件格式，弄明白了以后，我把 Sycx 找来，跟他说了我的想法。

嗯，他也不是万能的。他觉得我犯病了，说："这东西苹果不知道找了多少工程师做，咱们肯定做不出来，你最近是不是没吃药啊？"

我当时没有理他，第二天我去深圳做关于盗版的演讲，在深圳的日子里，我不停地写代码，回到上海我也在写。三天后，我给他看了我做的一个 Demo，把一个 iBooks author 做的文件解析出来，把一个章节的标题和正文都显示出来，当然，版式格式都是错的。但是怎么获得版式、格式的信息我都知道了。

给他看了 Demo，他受到了某种震撼，然后我给他讲了一遍格式和我的思路。我问他懂了吗，他说懂了。我问他看代码需要多久，他说半天吧。

第二天，我问他看懂与否，他说看懂了。我说："这个项目你来领导吧，需要我做哪个模块，你来安排。"他说："算了，你的代码太烂了，我自己来写吧。"

从那以后，我们公司的主力代码，我就几乎没有参与过了。他确实对得起这句话，后来没让我麻烦过。

这个项目，我们做得很酷，包括他在内，有三个程序员一起在做，他领导。我制订的计划是完全敏捷和迭代的。项目伊始，这个APP就可以执行，一个迭代周期一个迭代周期地增加新的功能。项目开始一个月后，我就用它挣了10多万元。而这个项目真正做完第一期是一年后，可见我们的迭代做得多好。

他做了这个项目的主力和负责人后，我就彻底解放了。在一年多的时间里，我就用这个半成品去挣钱，去融资，去跟全上海的出版社推销我们的产品。

裁员

然而，虽然我很卖力气地去谈投资，找客户，公司最终还是遭遇了很大的危机，钱花得差不多了。投资没有找到，手头的几个客户也不足以支撑公司继续运营。我可以选择维持现状，再强撑两个月关门，不过我的投资人建议我裁员到最小规模强撑一下。于是我仔细算了算成本，选择保留一个最小的团队，就是我、Sycx 老师和我们的行政，当时剩下的钱还可以继续撑不到一年的样子。

于是公司就在只有我们三个人的情况下，继续支撑下去，继续做产品，直到几个月后，我们找到一个新的客户，有了新的收入来源，才免于倒闭。到现在我们开始慢速扩张，又招了些人回来。

iOS 转 Android 项目

后来，客户需要我们提供一个 Android 版本。怎么做呢？我们现有的产品非常复杂，重新写一个 Android 版本出来可能耗时太长。而且，我们的产品仍旧在不断地迭代和改进之中，真的写了一个 Android 版本以后，我们就需要同时维护两份不断迭代和改进的代码了，我觉得项目管理难度非常大。

于是我想了一两个星期，有一天我就跟 Sycx 商量。我说，重新做一个 Android 版本不难，以我们团队的学习能力，几天就可以学会 Android 开发，开发一个 Android 版本。因为我们有之前的经验积累，也不会太慢，也许三四个月就可以搞定。但是，问题是我们要同时维护两份不断迭代和改进的代码，我觉得太难了。

他觉得也是。

我说，所以我想到的方案是我们把苹果的开发环境，Xcode、LLVM、Cocoa touch 全部都移植到 Android 上去。这样的话，实际上我们在业务逻辑上还是一份代码。虽然也是两个项目，但是这两个项目完全垂直，互不干扰，管理起来就简单多了。

目前客户只需要 Android 版本，可是如果有了把苹果开发环境移植到 Android 的经验，假设客户未来需要用到 WP 平台，我们也可以迅速搭建出来一套系统。

他表示认同。

我说我们现在最重要的就是弄清楚大概的逻辑和时间计划，我初步估计他可以在三个月内完成底层的移植，这部分很困难，但是工作量不会很大，大量的工作是反复地调试和解决部署问题。这部分是 Block（障碍）型的任务，这部分完成不了，后面的部分根本谈不上解决。

如果这个阶段搞定了，后面有大量的库需要我们自己去实现，但是在 Objective-C 的基础上去实现，技术上难度并不高，我们可以很轻松地搞定。

他也表示认同。

然后，我大概介绍了下我的前期调研，有哪些开源库跟我们要做的事情比较接近。给了他三天的时间，让他去调查分析，了解我们需要做的这么一个大工程里面，哪些东西是已经有开源库可以实现的，哪些东西是我们必须自己实现的。

三天后，他给我讲解了最流行的三个类似的开源库。我们仔细讨论了一下，然后项目就正式开始了。

他开始了历时三个月的、移植一个没有 UI（用户界面）的 iOS 程序到 Android 的历程。

在此之前，他没有做过 Android 开发，对 Linux 底层开发也不是很了解，甚至不了解 Makefile 等东西。但是这三个月过后，他已经是跨平台编译专家了，对 LLVM、GDB 等都烂熟于胸。大概就在三个月整的时候，我们内部做了一个演示，他已经可以做到在 Xcode 下打开一个完全没有 UI 的 iOS 代码，用 Xcode 把它编译到 Android 上去，并且用 Android 内建的 GDB 看到这个程序的输出信息。

然后我们就开始移植 Cocoa touch 库，大概就在整一年的时候，我们基本完成了设计目标。

结论

Sycx 刚进入我的公司的时候，我就知道他可以成长为一个非常优秀的程序员。但是几年下来，他达到的高度还是让我很惊讶。

我很喜欢这个孩子，因为我从 Sycx 身上可以看到我年轻时候的影子。唯一的区别是，我年轻的时候，没有遇到像我自己这么厉害的领导。我愿意全力去指导和教育他，也是从我自身的经历出发，我知道一个有想法、肯努力的年轻人，在合适的教导下，可以发挥出什么样的能力。

Sycx 和我的前妻，还有我自己，都是我写这本书的主要原因，我前妻初中没毕业，我的技术总监来自一个普通大专，我自己做的第一份工作的主要内容，是在办公室里，趴在地上帮同事把踢掉的网线接上。

我们三个人的共同点是我们做自己喜欢的事情、有激情的事情的时候，不需要别人监督，不需要别人指导，乐于自我学习，自我成长。我们虽然不是传统成功学意义上的成功人士，但是都做出了一些自己和外人不敢想象的事业。这就是我认为的成功。

我觉得大多数人的条件跟我们其实差异不大，都有机会获得自己的成功，问题是能不能走上一条自我学习和自我成长的路。

第 三 章

终身学习：
用长线
思维看人生

用长线思维看人生

我一直觉得投资跟我没有关系，我总想着有一天可以做出点什么东西，发个大财，然后再去考虑投资和理财。

然而现实给了我一次沉重的打击。Bill Gates（比尔·盖茨）20岁的时候就创办了微软。Jobs（乔布斯）在21岁就创办了苹果公司。而21岁的我走了一段弯路，刚刚大学毕业。我当时也不知道他们两个都是先退学后创业的。我没有胆量退学，懵懂地进入社会，一点点摸爬滚打，到了29岁才开了第一家公司，但是到了今天也没成就什么事业。

过了21岁以后，我一直用Craig Newmark（克雷格·纽马克）的故事激励自己。这个故事是这样的：

有人曾经在美国的论坛问，硅谷有无数少年成名的故事，Gates啊，Jobs啊，还有Zuckerberg（扎克伯格），等等，有没有年纪比较大的人创业成功的例子。那个人说，他已经30多岁了，不知道还有没有勇气去创业。

当时 Craig Newmark 就留言说，他是 42 岁才创业的，做了一个网站叫作 Craigslist（克雷格列表）。

国人知道 Craigslist 的可能不多，它是全球分类广告网站的鼻祖，58 同城、百姓网都是学它的。Craigslist 至今没上市，所以也没法说它市值有多高，不过年收入至少超过 10 亿美元吧。还有很多流行的 APP 其实很大程度上脱胎于 Craigslist，比如 Airbnb（爱彼迎）最早的用户都是从 Craigslist 来的。

然而，这样的激励作用越来越小了，因为我已经 40 多岁了。如果再过几年，我估计只能用姜子牙 80 岁出仕来安慰自己了。

去年我经历了人生中比较大的波折，开始反思这一切，也开始投资。我没有看啥书，也没有学啥课程，直接买了一堆基金和股票。

我不知道怎么买股票，就胡乱买，看同事、朋友买啥就买啥。到现在为止挣了一点点，个股上也有亏损的。整体上讲，我发现我不适合做交易员，我不喜欢时时刻刻地盯盘。我经常会忘记盯盘，偶尔做了几次 T，也是败多胜少。但是，总的来说我还是赚了。

凡是做短线的，我都很难做好。我觉得这就是性格决定命运，我的性格不适合做短线。我没有那么渴望赚钱，无法看着 K 线图傻乐。我只适合做长线。我只适合去买那些我笃信它们是好股票，只是被暂时低估而已的股票。一旦买了下来忘掉涨跌，这些股票最后总是会给我带来惊喜。

我觉得这也是人生的问题。性格决定命运。我当然羡慕 Gates，羡慕 Jobs，但我显然不是那种少年成名的英雄。唉，这不是废话嘛，我早就不是一个少年了。

我想一个人大器晚成，也许都是被逼的，谁不想少年成名呢？我也许不能大器晚成，但是我但凡能做出来点东西，也只能被叫作大器晚成了。

也许从 40 多岁才开始培养长线思维确实有点晚。但是，60 岁才有收获，也比 60 岁还没有收获要强。

我们都是不幸的，也是幸运的。

我高中同学里面居然有一个人死在了大学还没毕业的时候，他在另外一个城市上大学，出了一场车祸。我虽然有糖尿病、高血压，但居然挺到了 40 多岁。

我小时候生活在农场里。我妈和很多阿姨一起干农活。我们小时候，都不知道阿姨叔叔叫啥名字，只知道这是谁的妈妈、谁的爸爸。我小时候，就有一些叔叔阿姨去世了，有些人才 50 岁不到。

前两天农场 30 多个阿姨大聚会，我妈也去了，她们在一个饭店吃完饭走在大街上，正好跟我遇上，我跟她们打了一个招呼。很快就有阿姨认出了我，一堆阿姨问我还认不认得她们。有几个我还想得起来，比如我们韩学霸的妈妈，毕竟韩学霸从小学到高中都跟我一个学校。有些我就想不太起来了。

晚上回到家里，我跟我妈聊天，我说："科技就是进步了，你们也看得出来。你看当年农场的叔叔阿姨，有些人50岁不到就去世了。但是那一拨没有去世的人，现在大多数都活得很好，都六七十岁了。"我妈也说，可不是嘛，那个年头，得个癌症就必死，现在很多叔叔阿姨都得过癌症，治好了都好多年了。

这个世界在慢慢地发生变化，每一个人都有可能活得更长。我们的思维也需要改变。我父母那一代人退休就基本上靠退休金了。而我这一代，至少从我的角度考虑，如果退休了没有得老年性痴呆的话，可以继续投资，也可以继续写代码，还可以继续写文章。人生也许退休了才刚刚开始。

我的论坛 OurCoders.com 每年都有人问，30岁了，或者40岁了，开始学习编程、移民、转行、投资可以吗？其实答案当然是都可以。

为啥不可以？我从21岁到39岁都完全靠写代码维生（包括创业也是写代码），这两年，我基本上靠写文章维生（包括技术咨询），也许过几年，我主要的谋生手段就会是做视频。从技能的角度来说，我一向都是长线思维，一种技能如果能用5年到10年，花个一年半载学习怎么会亏呢？

但是人生不仅要学技能，也要学习如何投资，如何理财，这些是我这两年才开始学的。有些人会觉得你都玩了1年股票就赚了那么点钱，值得吗？或者说你学得是不是太慢了？我自己感觉很好，才 1 年就赚了这么多，我不能一直投资到 60 岁、90 岁吗？从 20 年甚至 50 年的时间来看，我能赚多少啊?!

现在慢不代表永远慢，如果盈利是可以积累的，那么慢是一种很可怕的力量。我不想要几秒钟赚几十万元的那种快，我没有那个投资能力，也没有那个心理承受能力，我只想要每年都能赚 10% 的那种慢慢积累的感觉……

嗯，今年做到了，就看我能不能一直保持一种稳健的、慢慢积累的态势了。

这世界上有用的东西太多了，要是我们只在从小学到大学这期间学习，我们能学到多少呢？好在从 20 岁到 90 岁这 70 年，从来没有人禁止我们慢慢地学点什么，慢慢地变成什么人。

是的，我还前途无量，我还没到 80 岁呢……

掌握"学习曲线"，享受终身学习

什么叫作"学习曲线"？横轴是时间，纵轴是能力。

我相信我们在校期间和工作的第一年一定会学到很多东西，但是我见到的很多人工作 1 年、10 年、20 年是完全一样的。我认为终身学习的人的学习曲线应该是没有尽头的。

有人在论坛上问，现在硅谷都在宣扬二三十岁创业成功、成为明星的例子，有没有人能够举一个四五十岁成功的例子。有个人回复："我在 42 岁创办了 Craigslist。"（Craigslist 是分类广告网站的鼻祖。）我当时就蒙了，我还不到 40 岁，我的人生才刚开始啊。

在任何环境中我们都可以观察，我认为在任何一个不断变化的环境中，终身学习者只占 1%。

我的结论是，如果你是一个终身学习者，你就可以在任何一个领域里秒杀你的同侪。终身学习者是没有极限的。

我的另一个观察分析结果是，学习的方法有很多种。一般的学习方法是阶段性的，就是学一会儿，休息一会儿，再学一会儿。我们传统教育和我们推崇的人，通常是意志力非常坚定的人。

比如说我们要考试了，在一个星期之内从完全不懂到能够考试，那么我们的学习曲线将会非常陡峭。我觉得这是一个非常错误的示范。

大多数认为自己不聪明的人都在用一种错误的方法去学习。我经常遇到一些非常神奇的初学者，有人说"这本 iOS 书我看了 3 天还没有看完"，我想问这本书是 3 天能学会的吗？这就好比你去爬珠穆朗玛峰掉下来了，然后你说自己是一个失败者。

其实，为什么要这样爬山呢？我一直跟大家强调不要着急，为什么？

因为一着急你就会开始做错误的东西。一开始你以为你是神，可以在一个星期内，甚至3天内学会一个非常难的东西。一旦你做不到，你就会觉得自己什么都做不到了。我觉得正是这样的原因，大家总以为自己不够厉害。

我觉得有了正确的方法以后，大多数人都可以攻克这个问题。我经常和很多人说，刚进入一个项目的时候，学习曲线要平，可怕的平。

比如像我这样一个人，一次要走3万步的话，大家可能就会在急诊室看到我。那我第一次的目标是怎么定的呢？第一次我就背了个包，带了很多的补给，不知疲倦地从早上走到晚上，后来我算了一下，我走了六七公里。我从来不知道我能走六七公里。

那么第二天我想既然第一天我走了六七公里，那我今天可不可以走八公里呢？有一次我为了见一个朋友，跨了个江，走了十五六公里，我觉得自己太厉害了，后来就一发不可收。

我觉得学习曲线一开始可以比较平，但是当你对一个东西了解了以后，到后面就是一个加速的过程。会学习的人在一开始都是非常慢的，之后再给自己设定基准，给予自己正反馈的空间，并且永远不会把自己控制得太狠，让自己一下子崩溃。

四级没过
如何突破听说读写

我是怎么学英语的

我经常在微博和微信上面吹嘘自己的英语水平，比如我会告诉大家，我看美剧、脱口秀、电影时都是不看字幕的，我目前的阅读是以英文书为主的，我讲过我在苹果店用英语帮助一个外国人解决他的 Mac 电脑遇到的技术问题，还讲过我曾经在上海的一个外国人占半数以上的技术聚会里面用全英文做技术演讲。

讲这些真实故事的时候，总有人希望我好好讲讲我是怎么学英语的。当然也有人不以为然，一方面有人觉得我把学英语说得太轻描淡写了，在误导大家；另外一方面有人觉得我在夸大自己的英语能力。

讲这些东西炫耀是一方面，另外一方面，我不认为自己的英语有多好，我认为大多数人可以轻松达到或超过我的水平，毕竟学英语只是我的业余爱好，我不想去考托福、雅思，也没有考四级、六级、专八的压力。我在公众账号上面一直都在灌鸡汤，给大家讲学习方法，因为我认为大多数人的问题不是智商不够，不是努力不够，而是学习方法不对。我认为我学习英语的方法，只是我使用自己的学习方法的一个小小的例子而已，既然有那么多人想了解细节，也有那么多人质疑，我今天就好好讲讲。

为什么我要学习英语

我是一个坚持实用主义的人，虽然我所在的中小学英语教育都很好，但是我对英语其实一直以来都是过关即好的态度。到了大学，我们学校的英语教学很差，我也就自暴自弃，我高中毕业去考四级都有可能考过，但是大学期间，我考四级的最高分数是58分，而且，我也不是很想再考了。大学期间，我的态度是反正我可以看懂各种电脑相关的技术文献（当然还是要查词典的），就足够了。我对英语的态度是，技术英语我很在乎，看技术文献一定优先看英文的，不懂就查词典，其他领域的英语我看起来很困难，也没有兴趣看。

后来，我的好朋友韩磊推荐我看了一部港剧，很过瘾。我看完以后在微博和其他平台分享的时候，有人告诉我这部港剧是模仿美剧《24 小时》的，而且《24 小时》比这部港剧好看几百倍。于是，我就入了美剧的坑。从《24 小时》开始，我看的美剧越来越多，后来我干脆再也不看国产剧了。我喜欢美剧的剧情、节奏，还有多种多样的形态和背景。

看着看着，我发现了一个大问题。那时候我是一个非常喜欢Multitask（多任务化）的人（我现在认为这是不对的，但是当时乐此不疲），我很喜欢一边看电视一边写代码，那时候我已经开始用Macbook 小白了，但是旁边还放着一台 PC 显示器，PC 专门用来看各种视频。我可以轻松地边看国产剧边写代码，但是我没办法边看美剧边写代码。这引发了我的思考，这是为什么呢？我的结论是，看美剧的时候，我的眼睛必须盯着字幕，而看国产剧的时候，我可以靠耳朵理解大部分剧情，眼睛不用一直盯着副屏幕。

当时为了解决这个问题，我想，我能不能学会不用字幕看美剧呢？于是，我就开始了自学英语的历程。

入手的方法

怎么学英语呢？我不想报任何培训班，我觉得我是一个自学能力很强的人，我就开始设计自学方法。其实我以前技术英语也不行，后来是怎么学好的呢？就是硬看所有的技术资料，看不懂就查词典，看多了，就发现随着看的时间越来越多，看同等难度的技术资料，我查词典的次数越来越少，读得越来越流畅，大概就是在闷头读技术资料不到一个月的时间，我的技术英语就突破了，看大多数的技术资料就不太需要查词典了，而且越看越快。

这跟我小学的时候看小说是一样的，我三年级以前看的都是所谓的儿童读物，自然都很好懂。可是三年级的时候，我父亲去图书馆借了一些小说看，比如梁羽生的武侠小说，等等。我的成绩很好，所以，他看完的书我要过来看，他从来不拦着，一开始遇到一些字不认识，我问他，他不耐烦地让我去查字典。后来我就在这么查字典的情况下，看懂了很多小说。我觉得我小学三年级的阅读能力可能已经超过很多初高中生了。

我觉得我国的整体英语教育水平很差，大多数大学毕业生的英语水平都不是很好。但是，即使是很差的大学的学生，大学毕业时候的英语水平，其实也快达到英语母语国家三年级小学生的水平了。所以，我们是有硬学的基础的。

我在读 37signals 公司的两位合伙人合著的那本书 *Rework*（《重来》）时，收获最大的一句话，就是世人都说要从失败里面学习，但是我们更应该从自己的成功里面学习。我们不用去复制别人的成功，因为不一定能学得会，但是我们可以复制自己过去的成功。你今年二三十岁，真的敢说，你从来没有努力过，从来没有过任何小的成就吗？

所以，我的方法很简单，跟我小学三年级时硬看小说那样，跟我在大学时硬看技术英语一样，去硬看没有字幕的美剧。一开始是很痛苦的，我发现很多我原来觉得很简单的美剧完全看不懂了，从娱乐变成了一种煎熬。怎么办？如果当时退缩了，那么我现在还是只能对着字幕看美剧。但是如果当时纯粹地硬看，完全不考虑学习方法，估计我也坚持不下来。方法很简单，把所有自己喜欢的美剧，按照难易度分级，只看简单的美剧，只看不太需要大词汇量就能看懂的美剧。把一些剧情已经烂熟于心的美剧找回来看第二遍，看到每一集看懂为止，看不懂的话，就再看一遍。这样大概坚持了几个月以后，我发现大多数的美剧，我都可以轻松地在不看字幕的情况下看懂 80% 以上了。

如何才能坚持

每次说到看美剧学英语这个话题的时候，都会有人问，你真的能看懂全部吗？能看懂 80% 就不错了吧。我现在大多数美剧可以全看懂。但是，遇到一些背景很不熟悉的剧，确实很难做到全看懂。可是，为什么要全看懂？你看国产剧的时候，即使没有语言的问题，你能保证你全看懂吗？

有人因为我说看美剧学英语很简单，所以，就说我刻意地把学英语说得容易了，实际上学英语很难，是我在误导人。我可以告诉你们的是，这个方法很简单，但是并不容易，练到我今天的听力水平，我大概看过了几十部各种各样的美剧，有很多剧看了无数次。为什么可以看这么多剧？

原因很简单，我是"乐学"的，从来不让自己痛苦。在能力不够的时候，我就看简单的剧，能力提升以后才去看复杂的剧。起初，如果发现一部剧即使我聚精会神也看不懂30%，那么这部剧我暂时就不看了，等到过一段时间自己的听力水平和词汇量上升了再回过头来看这部剧。

把任何一部剧看到能懂80%，就说明看懂了，不求全懂。如果一部剧大概的内容都懂了，就有一两个细节不懂还去死抠的话，看剧的效率就会大大下降，看剧的乐趣也大大下降。

我很反感学习中的那些捷径派，我见得太多了，学习啥他们都想问问有没有捷径。我有一条捷径，那条捷径就是硬学、不多想、不瞎扯、不放弃。不追求全部看懂的意义就在于，一开始学习的时候，我们追求的是尽量多地看美剧，看得越多越好，量上去了自然而然水平就会上去。

一开始我看的是带字幕看过无数次的《24小时》，然后一点一点地上难度，现在，我已经开始看 *Saturday Night Live*（周六夜现场——模仿政界人物、明星等为主的综艺）、*Last Week Tonight*

（上周今夜秀——偏政治的新闻脱口秀）这些就算英语很好，但对英美文化不了解就很难看懂的节目。

看剧可以学新词吗？

这是大家问得最多的问题。答案是当然可以。需要查词典吗？不需要。看美剧的时候查词典是很困难的，你只是听到了剧里面的台词，往往不知道怎么拼写，怎么查词典呢？

我一开始也不确定这样学到底效果如何。虽然我看懂了很多剧，但是我到底是不是学到了新词呢？有一次朋友跟我一起参加一个技术会议，外国人演讲时，我们都没有要同传耳机，朋友中间有一些细节没听懂，问了我几句，我回答得很清楚。他很感慨，因为他觉得几年前他的英语听力比我强，现在我的英语听力比他强了。他建议我去考个雅思测试一下。

于是，我在网上找了一套雅思测试题，在做题的时候，我遇到了单词 marriage（婚姻），其实我没学过这个词，但是我顺口念出来了，然后根据上下文，我居然猜对了意思。这个词，我没有见过中文释义，没有见过拼写。但是根据拼写，我大概一念，就认出来了。另外一个词是 siren（警报器），我在看一篇文章，讲遇到地震或者其他危险的时候，老师该怎么引导学生避险。文章提到老师要去按一下

siren，我一开始不理解这个词，感觉通篇阅读下来都有点不理解，但是硬读了一下，我发现，这个词应该是警报器之类的意思，后来查了下词典，果然是对的。

然后，我觉得我不用测试自己的雅思成绩了。我看到了这种学习方法的魅力，通过大量的视听学习，很多词虽然我不知道在词典上对应的中译，但是，我知道这些词可以用在哪里，大概是个什么东西。这是什么学习方法呢？这不就是我们小时候学习母语的方法吗？你父母确实会刻意地跟你说这是椅子，这是桌子，他是爸爸，她是妈妈。但是更多的词汇量（听力词汇量），不是老师在课堂上教你的，也不是你在书上看到的，而是你在听大人讲话的时候慢慢积累的。这就是学习语言需要的方法啊。（很多人可能连汉字都认识不多，但是不影响他们说话很溜，什么都会说。）

进阶篇

用以上的方法，在不到半年的时间内，我就完成了我学英语的既定目标：在完全不看字幕的情况下，看自己喜欢的美剧。有一段时间，我的英语就停留在这个水平上，没有任何变化，因为没必要有任何变化，当年美剧看得越来越多以后，各种不同类型的英语词汇一直都在积累，但是我整体上并没有大的进步。

一个很大的问题摆在了我的面前，是继续提升我的英语水平，还是满足于技术英语完全看得懂，看美剧也不需要字幕，看 WWDC（苹果全球开发者大会，英文全称是"APPle Worldwide Developers Conference"，简称"WWDC"，每年定期由苹果公司在美国举办。大会主要的目的是让苹果公司向研发者们展示最新的软件和技术）直播也不需要字幕的水平呢？

说实话，从工作和生活上来讲，确实也不需要更进一步了。我觉得我的英语够用了。但是，这几年的美剧看下来，我对美国文化的了解加深以后，越发觉得只看中文材料对我的眼界影响很大，特别是我作为 IT 行业从业人员，能不能看到国外的第一手资料，可能对我未来的创业和工作都有比较大的影响，所以我觉得还是值得继续在学英语上下功夫的。

特别是在 2013 年，我的事业处在低谷中，爱情生活也是空白的。我是受到挫折越大越努力的那种人，2013 年我想给自己一个彻底的翻身，努力去做好公司的事情，锻炼好身体，那么学好英语和提高在别的方面的修养也提到了议事日程。

听英文 Podcast 的开始

因为要锻炼身体，我决定开始走路，一开始走 7 ～ 8 公里就需要一整天，慢慢地，我可以一天走 20 多公里，只需要 5～6 个小时的样子（2 个月内减了 20 千克）。一开始走路的时候，我都在听音乐，虽然我的正版曲库里有几百首英文歌，但还是会腻，我就开始在走路的时候听中文的 Podcast，有一天我在想，要是走路时顺便听英文 Podcast，不就可以边锻炼身体边学英语吗？（好赞，是节约时间的好办法。）

于是，我开始寻找好的英文 Podcast，听了一阵子才发现，看得懂电视剧是一个难度，听得懂英文 Podcast 是另外一个难度。看电视的时候，有画面帮你理解，而且对白量并不是很大，听 Podcast 的时候，全部都是语言，同样是一个小时，Podcast 的句子量可能是美剧的 10 倍以上。我在美剧上建立起来的对自己听力的信心，被严重地摧毁了。但是我不害怕，我有过从离不开字幕到完全不看字幕的美剧观看经验了，我知道听懂 Podcast 也不过是需要一个学习的过程而已。

方法很简单，先找最简单的 Podcast，可以推荐的是 English as a second language Podcast（英语作为第二语言播客），这是洛杉矶加利福尼亚教育发展中心的几个老师做的一个 Podcast，每一期都是 100 字以内的简短对话，用标准语速、慢速以及单句讲解三种方式来读三遍。基本上英语听力稍微有点功力的人，就可以用这个作为听英文 Podcast 的入门。我听了 100 来期以后，感觉自己的

Podcast 听力到了一定水平，才开始找其他的英文 Podcast 来听。

首先听的是 ATP（Accidental Tech Podcast，偶然科技播客），因为纯粹是几个技术"大牛"闲谈，所以词汇量跟技术英语比较接近，也算是一个上手材料。这两个 Podcast 我一直在听，听到一定量我就开始寻找各种各样的 Podcast 来扩展我不同领域的词汇量。这种扩展词汇量的方法，在我学英语的几种方法里面是共通的，从最简单、最熟悉的材料入手（喜欢的、简单的美剧，教学类、技术类的 Podcast），熟悉后，慢慢扩展到各种难度升级和种类多样的英文材料。

到了今天，我听的英文 Podcast 包括经济学方面的，如 EconTalk［一档经济对话节目，主持人是斯坦福大学胡佛研究所经济学家 Russ Roberts（拉斯·罗伯茨），他在节目里面采访过大量的诺贝尔奖获得者，还有著名企业家，包括 Uber 创始人、Airbnb 创始人等，以及著名风投家，比如马克·安德森等］、Planet Money（贷币星球，轻松的经济学小故事），其他的如 This American Life（美国生活）、TED Radio Hour（TED 广播时间）等等，当然最多的还是技术类的。现在听 Podcast 的范围就是我喜欢听的东西。

听英文 Podcast 的好处是我的英语听力又上了一个台阶，我听的 Podcast 里除了 English as a second language 是教学英语，所以提供慢速版本以外，其他都是美国人听的东西，都是常速英语，甚至很多人说话非常快（电台的感觉你懂的）。而且听的种类多了以后，你会发现 Podcast 的信息量比美剧多得多，毕竟美剧是以娱乐为主的，大多数内容都是很浅显的。

看英文书的开始

2013 年的时候，我去了一趟香港，买了几本书，其中两本是诚品书店英文销售榜榜单前列的书，一本是《习惯的力量》，另外一本的名字暂时想不起来了。我当时只是觉得诚品书店的外文书数量比国内其他书店多得多，不买两本太浪费来香港这一趟了。

回来以后，我发现这本《习惯的力量》写得非常好，而且书中关于改掉自己的坏习惯和建立好习惯的方法跟我一贯的学习方法很兼容，所以我很认真地在看，但是出门带一本书很麻烦，我就下单了一个 Kindle Paperwhite（亚马逊新一代电子书阅读器）。另外我的朋友子元在美国，他告诉我他喜欢在亚马逊买有声书来听，感觉比看书更爽，于是我又买了这本书的有声书版本。至此，这本书我有三个版本，总共花了 50 美元左右。我出门坐地铁时就用 Kindle看，走路的时候，就用 iPhone 的 Audible APP（亚马逊有声读物播放器，书非常全）听。这本书我一半是用 Kindle 看的，一半是用Audible 听的。

我看完这本书以后，刻意地用书里面的方法来改变我的走路习惯和阅读习惯，发现效果都很好。于是我发现了看英文书的一大好处，就是可以获取很多新的知识。

看完这本书后，我觉得我打开了一个新的世界。于是，我开始了刻意阅读英文书的历程。方法很简单，在任何场合看到有朋友推荐一本书，只要这本书是翻译书，我就去亚马逊买一本原版的。我每个月在亚马逊光买电子书消费就在 300 美元以上。遇到任何一本非常喜欢的书的话，就马上再买它的有声书版本，一本有声书的价格往往是电子书的三四倍，但是，可以在走路的时候听，提高效率，我不在乎这点钱。

之后，我在 EconTalk 听拉斯·罗伯茨采访了 *The Great Debate: Edmund Burke, Thomas Paine, and the Birth of Right and Left*（《大争论：左派和右派的起源》）的作者 Yuval Levin（尤瓦尔·莱文），尤瓦尔·莱文是主修西方政治的，但是在学习西方政治的时候，他发现美国的民主党、共和党两党的主张有很多非常具体而微小的差异，并不能以利益来简单地说明，他很好奇这两派差异的来源。经过调查，他得出的结论是，西方左右派的创始人，左派的创始人 Thomas Paine［托马斯·潘恩，*Common Sense*（《常识》）的作者，所谓西方普世价值观大量来自他的论点］，右派的创始人 Edmund Burke（埃德蒙·伯克，英国高官），这两个人在美国独立革命和法国大革命时期爆发的论战，特别是针对法国大革命是否正确的论战，奠定了西方左右派的起源。

我被这个采访深深打动了，因为我对西方的左右派是怎么回事也非常有兴趣，于是马上买了这本书，然后大概花了3个月才看完。这本书我看得极其吃力，因为里面都是一些艰涩的哲学、经济学和政治概念，有非常多由十几个字母组成的长词。我看《习惯的力量》的时候，最开始一页书需要查5～6个词，但是看到三分之一以后，基本上不用查词典就可以通读，了解大概意思了。但是这本《大争论：左派和右派的起源》我基本上是查词典从头查到尾，每页可能都需要查7～8个词。但是，这本书太有意思了，太开阔视野了，解决了我心中在历史和政治方面的很多疑窦，所以即使看得非常辛苦我也甘之如饴。

看完这本书以后，我觉得3个月的苦读一点都不苦了。这本好书，更坚定了我要多读英文书的信念（虽然这本书其实也有中文版）。更重要的是，我从埃德蒙·伯克的哲学观点里面学习到了渐进的力量，真正开始理解日拱一卒，不期速成的价值。我的内心更加平静，更加可以让自己去坚持做一件自己觉得正确、哪怕道路非常坎坷的事情，这本书对我的人生改变之大，不可估量。

后来，我在一些投资人朋友的书单上看到了 *Zero to One*（《从0到1》）和 *The Hard Thing about Hard Things*（《创业维艰》）这两本和创业关系很紧密的书，看完了也觉得非常赞，非常贴近我在创业中遇到的问题和思考。特别是《创业维艰》，作者是马克·安德森在网景公司的同事本·霍洛维茨，这本书讲述了他在互联网泡沫即将破裂的时候创业，经历了流血上市，家人重病，公司分拆，出售主营业务等无数的艰难险阻，最后修成正果的故事。我几乎见一个创业的朋友就推荐一次这本书，还送了一本纸质的和几本电子版的给我的好朋友们。

在我看这两本英文书的时候，国内还没有出版这两本书，在我看完，甚至推荐给很多朋友后，国内才开始有译本。上次有个朋友从深圳来上海出差的时候见过我一次，几个月以后他来上海一定要再约我一次。聊的时候他说，我推荐他《创业维艰》这本书的时候，他身边没有人知道这本书，他看了以后也收获很大，最近国内创投圈子都开始看这本书了，他就觉得我有先见之明。我想了想，这就是坚持看原版书带来的时间差异。

另外有一本书，叫作 *One Billion Customers*（《十亿消费者》），是我前些日子一直在看的书，收获非常大。作者是《华尔街日报》和道琼斯集团在华负责人，后来他从事咨询与投资，接触了大量的在中国经商的外国人，直接或间接参与了美国和中国的 WTO（世界贸易组织）谈判，后来也在中国经商多年。

这本书的立意本来是讲外国人在中国做生意有哪些坑，但是我看完全书发现，这本书是了解中国商界非常难得的客观的读本。不仅对外国人在中国做生意大有好处，对中国人本身怎么在中国做生意也有很大的意义。而且从历史的角度入手，也帮助我去理解中国如何在挣扎和矛盾中进步或倒退，市场和垄断等力量如何博弈，如何推动或阻碍中国的发展。

至此，我觉得我学英语的目的越来越清晰。作为一种语言，英语可以说得有多流利已经不是重点了。我发觉英语的价值是可以让我跟这个世界上最好的内容和知识建立起联系。我学英语的重点在于转移，不在于语言层面的东西，更在乎自己的专业、兴趣以及文化方面的需求。英语完全成为我了解世界、认识世界的工具，当然，这个工具需要学得非常好，才能满足我的需求。

口语突破之路

其实在开始阅读电子书之前，我就开始了英语口语的练习。实际上，听、读其实是比较相近的能力，说、写则是另外的能力。所以，我把口语和写作放在后面聊。

中国人大多数是哑巴英语，很多词汇量巨大的人，也说不清楚一件非常简单的事情。原因很简单，听和读其实是容错率很高的行为。之前有人举过例子，刻意把一个句子里面的单词写错字母，但这样是完全可以读懂的。比如：Thos xs a bxxk, I loke Englosh boxk（这是一本书，我喜欢英文书）。其实读懂这个不难。实际上，美国黑客界很流行一种用数字代替英文字母的写法，比如著名的美剧 Numb3rs（《数字追凶》），里面的"3"就是代表字母"e"的。大多数人对这样的错误都是完全可以包容的。而且，不管你语法多烂，只要大概的词语对了，外国人其实是可以听懂的。这是因为我们说的话都有大量的冗余信息，只要你的错误没有多到一定程度，就可以被其他的冗余信息纠正回来。

但是说和写就不是这样的了。一句话可以有 30 种说法，你要想说好和写好其实是很难的。即使你听了很多，你的口语表达能力也不会自然提高。

口语只有一个练法，就是不停地说。可是，你不能跟中国人练习。不是说只能跟英语极好的人练习，其实跟谁练习都可以，只要练习得足够多，因为练的核心是你自己说。但是跟中国人练习的问题是，刚开始说个"Hello"以后，他们就喜欢挑错，他们总是习惯每一个词都说对，不懂得练习的真谛是多说，在练习的时间里面尽量地多说才是要点，他们可以找到的大多数错误，你自己也可以找到，但他们总喜欢得意扬扬地告诉你一些小学级别的英语错误问题，以找到口语练习中的错误为乐，一旦找到了，立刻出戏，进入了嘲笑和反嘲笑的游戏里面。我跟中国人试了几次，发现效率最高的情况下，一个小时也只能扯几句，完全起不到练习的作用。

于是，找外国人吧。我不想花钱，怎么找外国人呢？ 2012 ～ 2013 年的时候，Stack Overflow（栈溢出，国外最著名的技术社区）搞了一次全球大聚会，利用 Meetup（聚会）网站在全球的城市发起了聚会邀请，只要是 Meetup 的会员就可以参加。（Meetup 是世界上最大的地方群组网络，创建者是斯科特·海费曼。斯科特·海费曼设计了 Meetup 网站，帮助人们在网上找到彼此后，再在真实世界里相遇。通过登记人们的兴趣和住地，Meetup 可以确定潜在的群体并帮助他们聚到一起。）我带着我公司的 CTO 去了，那次上海聚会有十五六个人，中国人外国人各占一半左右，大家聊得还是比较开心的。我当时就在想，我们中国人搞的技术活动很少有外国人参加，但是 Stack Overflow 在 Meetup 上搞的活动，外国人居然有一半左右参加，这说明外国人跟我们一样，找信息有固定的渠道。

当我想要找外国人的时候，我就想到了 Meetup，于是我开始看在上海有哪些 Meetup 活动，不找不知道，一找才知道原来活动那么多，每天晚上都有活动。我就开始密集地去参加这些活动。

我参加过桌游活动，8 ～ 9 个人里面，只有 3 个是华人，而且另外两个都是在海外多年，刚回来的。那次有一个黑人说自己是刚从美国来的 Java 程序员，我觉得大家都是同行比较好聊，就多问了几句。他说公司允许员工在全球任何地点远程工作，只要在固定的时间上线、下线就可以。于是，他就来了上海，每天到了上海的深夜他开始上班，第二天早晨下班（时差要配合美国的同事们）。

还有专门讨论 TED 的主题活动，形式是主持人播放一个 TED 视频，然后大家在主持人的引导下进行讨论，有时候主持人会故意在放视频前先用一个问题引发讨论。我印象最深刻的一次，是主持人问大家讲故事的意义是什么。一开始大家说得还好，然后有一个美国大叔说，如果人类不会讲故事，经验就不会在一代一代人之间传承。然后主持人问了一个问题，那么老狗可以教小狗技能吗？这算不算讲故事，还是说故事必须有虚构的成分？有一个人就站起来说，他知道有一只狗，当主人给它骨头的时候它就会挖个坑把骨头埋起来。然后主人问它骨头在哪里，它就装傻。这时候，主持人说，这算不算是本能呢？有没有人能举一个动物骗人的故事，不是本能的？这时候有人站起来说，他见过朋友家的一只鹦鹉，朋友在家的时候，就让它自由活动，不在家的时候，就把它锁在笼子里面。那天朋友要出门，过来看鸟笼子，其实没有锁住，但是鹦鹉故意用爪子抓住笼子的锁的位置，好像是想拉开的样子，朋友以为笼子锁好了，就走了。然后鹦鹉就大摇大摆地走了出来。大家都乐疯了。

事后我特意跟主持人聊了一会儿，当时他在中国做程序员，以前他在美国是教科学的老师。他说他的主持方法就是美国课堂上的教育方法，老师负责抛出问题，学生可以从各个角度去表达自己的想法，老师不负责判断对错，但是会根据学生的论点，提出一些新的问题，引发讨论的深入。

这类活动我去得很多，从一开始只能站起来说一两句话，到后来可以用蹩脚的英语说一大段。口语仍旧不流利，但是我可以表达自己的观点了。我参与过很多好玩的讨论，宗教方面、慈善方面、NGO（非政府组织）方面、创业方面，都很有意思。

后来有一段时间因为我工作比较忙，就没有去参加这类活动了。但是我觉得口语已经过关，有了足够的自信心，也学会了一些简单的表达方式。更重要的是，我发现我在跟外国人small talk（寒暄）时很不自然，而在TED讨论那种类似辩论的场合反而可以侃侃而谈。我仔细思考了一下，其实我在中文环境也是如此，除了跟最好的朋友侃侃而谈，跟一般人都很难扯天气聊家常，要么是辩论，要么是给别人灌输，这些才是我擅长的。但是，我已经知道怎么练习口语了，我连外国人都不需要了。我开始在看英文书的时候刻意大量朗读，果然再和外国人聊天的时候，就更自然了。

后来我有个朋友"人字拖二号"，想拉着我做中文Podcast，但是被我说服，跟我一起做了英文Podcast，他以前是在加拿大留学的，刚毕业几年，是国内比较少见的那种留学的时候没有混在华人圈子，而是跟外国人玩得铁熟的。我们做了几期节目，全部都是土生土长的外国人和我们两个聊天，"人字拖二号"的英语更流利，他负责做主持人，我听力了得，基本上外国人聊啥都听得懂，我就负责在觉得有趣的时候，插入一些好玩的问题。比如，我们第一期找了一个在美国做医疗用品生意的朋友，他是读生物医药方面的博士，学识很好。他给我们介绍奥巴马的医保方案，我就很好奇。因为我们听说过很多关于美国急诊室的故事，比如不管病人有没有钱，都必须治，问他是不是真的。又比如听说美国的急诊室人满为患，经常排队排到病都好了，还没轮到。我又跟他讲，中国最近出了些很好玩的案例，某医院门口来了一个病人，医生把病人放上车，送到别的医院，我问他美国有没有这种情况之类的。

他很多年前来过中国，对中国印象还不错，而且觉得中国的各种发展中的问题并不严重。于是我就问他知不知道黄浦江上漂猪的故事，等等。

这个 Podcast 也是我练习英语的一种方法，让自己在一种真实的场景里面去讨论问题，从而锻炼英语水平。

有一次，我经常参加的一个外国人为主的技术社区活动 Cocoaheads（苹果开发技术）聚会，上海的组织者说缺演讲者，我就报名说想去做一个演讲。组织者同意了以后，我就花了一个晚上，把我曾经用过的一个中文技术演讲的提纲全部改成英文的，然后去演讲了。我那天非常紧张，表达很不流利，但是基本上把要讲的技术细节都讲了。因为我们的技术方案非常有趣，而且非常有挑战性，讲完以后，在场的外国人问了好多问题，我觉得非常有收获。

我的口语完全谈不上流利，但是因为我的听力基本上过关了，我也可以用各种曲折的方式表达出全部的意思，我觉得口语也算是过关了，可以跟外国人进行没有歧义的沟通了。以后的练习就在于多朗读和多跟外国人闲聊了。

　　前几星期，我去上海 iapm 的苹果店蹭网，一个外国人拿着自己的 MacBook Air 来咨询，他说他的 Parallels Desktop（一款虚拟机软件）出现了故障，一旦打开 Windows 虚拟机，随便运行一个软件，整个 MacBook Air 的磁盘空间就会从剩余几十 G 迅速减少到 0，然后，Windows 虚拟机就无法运行了。苹果店的"天才"（意为客服）们大概只能听懂 Parallels Desktop，但是讨论的时候，却念成了 paradise（天堂），而且连基本的看日志之类的调试方法都不懂。那个外国人跟他们扯了几分钟以后，"天才"们只能搪塞说"paradise"不是苹果的软件，他们解决不了。我在一旁实在看不过去，就过去搭话，那个外国人问"天才"我是干吗的，"天才"说我也是一个顾客，那个外国人就开始跟我解释他目前遇到的问题。长话短说，最后我咨询了一下我的朋友大别，因为我不用 Parallels Desktop。我帮他清除了几十 G 的磁盘空间，帮他把 Parallels Desktop 启动起来，然后建议他升级一下 OS X 系统，Parallels Desktop 也升级一下。据大别说，社区里面最近有人说 Parallels Desktop 老版本的类似 bug 很多，但是升级到最新版本以后就没问题了。那个外国人买了一个外挂硬盘用来导数据，说："Thank you, sir."（谢谢你，先生。）然后紧紧地握了我的手。"You have a nice day."（祝你愉快。）客客气气地走了。

其实仍旧要强调一下，我的口语很不流利，但是完全可以表意了，这就是我追求的状态，可以用英语做技术演讲，可以和外国人聊技术问题，修外国人的电脑，可以跟外国人谈经济、社会和政治（在我们的 Podcast 里面做到了）。当然这样的口语水平也只是一个起点，有了可以自由沟通的开始，我相信我的口语还会继续进步。

写作突破之路

听、读、说突破以后，我深刻地发现，写作其实是最难的。到今天为止，我的写作其实也不能算真的突破了，但是我找到了一条路径。

根据我听、读、说的突破过程，我认为想突破写很简单，就是多写。问题是怎么能多写？我很多年前就有英文 blog，写了没人看的话，我根本没有办法坚持下去。在这个时候，我就想到了 Quora。Quora 是一个社交问答网站，我很多年前就有 Quora 的账号，而且已经有 1000 多粉丝，但是我没有回答过几个问题。

于是，我去 Quora 回答了几个问题，但还是没有人理我。我那

1000 多粉丝多数是中国人，而且早就不玩 Quora 了，没有人玩，我就没有兴趣写，该怎么办呢？我给自己设计了一个 Quora 突破计划。目标是在 Quora 上面再吸引 1000 个粉丝，回答 100 个问题，争取有些答案能获得大量的赞。

这个计划的实施方式是：

第一步，找到所有 Quora 的优质用户，天天刷 Quora 的内容，看到某个答案好玩，点赞多，或者回答者的粉丝多，就点一个关注。我到处寻找 Quora 推荐关注列表，把列表里面的人全关注了。找到 Quora 员工列表（几百人），也全关注了。这些人有些出于礼貌也关注了我，我多了几十到上百个关注者。更重要的是，我开始找到 Quora 的好内容在哪里。这类社会化的媒体，如果你不关注对的人，你根本看不到好的信息。

第二步，我给自己制订了一个每天必须回答一个 Quora 问题的计划。因为不是每个问题都可以回答，都想回答，所以，也就是说，每天看 10 ～ 20 个问题，才有机会回答一个。

第三步，在中文圈子里面推广 Quora。在我的推广下很多人都开始玩 Quora，他们很多也关注了我。

一个多月以后，"人字拖二号"找到我说："Tiny，你的口语还不错，但是写作很差，你是不是没有用拼写检查工具啊？"

我说："我在用操作系统的拼写检查工具啊。"

他说那个差远了，推荐了 1Checker（易改）给我，我马上用了用，果然很好用。我在用这个工具前，因为对很多表达方式感到模棱两可，所以写回答的时候经常写得很短，写长了就不知道怎么组织语言了。而有了 1Checker 以后，我就开始能写很长的答案了。最好的一个答案是关于"Which are some of the character traits that most developers have in common?"（大多数开发者有哪些共同的性格特征？）这个问题的，总共有 387 个赞。

大概在三个月以后，我完成了 100 个答案，得到了 1400 个赞，粉丝数达到了 2700 个，超额完成任务。

我的写作还差得很远，但是已经有一条道路了，这条道路跟听、读、说的练习一样，要点在于想上量，我就可以上量了。

总结篇

其实无论按照中国人的标准，还是外国人的标准，我的英语都还差得很远。我觉得自己听、说、读、写都突破了的意思是，在我需要的领域，这四样能力都足够了，而且走上了可持续改进的道路。

总结起来，我的学习方法要点有几个：

1. 硬学。看不懂的美剧硬看，听不懂的 Podcast 硬听，看不懂的书硬看，跟外国人聊不清楚也硬聊，写不好的英文文章硬写。

2.循序渐进。虽然是硬学，但一开始绝对要由浅入深，让自己时刻都有成就感。

3.追求最大的材料量。循序渐进的好处是一直都没有挫折感，所以可以用大量的时间去看美剧（至少上千小时），去听 Podcast（至少几百小时），去跟外国人闲聊，去写文章。

4.逐步改进，慢慢地从学语言本身，进化到学文化，学跟世界交流。这个过程越深入，学习的动力越足。

5.不急躁，不冒进，日拱一卒，不期速成。我看美剧练习听力用了半年，但是一直看到现在。听 Podcast 用了一个月。口语用了几个月，写作用了几个月。听起来很浪费时间，但是几年以后，从对自己能力的提升角度去看，我觉得自己花的时间并不多，很值得。

6.保持快乐的心态，所以可以坚持终身学习。我的英语水平高吗？比以前高了很多。足够高吗？不够高。但是我可以自傲的是，现在我的英语学习是终身学习，你比我水平高，没关系，大多数人的学习速度没我快，而且我不停地在学习，总有一天会超过你。（当然最重要的永远是追求每日超越昨天的自己。）

我小时候也算是应试教育的高手，大多数考试都能得高分，深谙无数的技巧，学习也没有觉得非常吃力，上课听讲积极，下课我一般都不做作业（资深拖延症患者，从小学开始）。

但是，上大学以后，我就越来越厌恶去应付考试了，我只想去钻研我喜欢的东西——编程。那时候，我没有一个明确的概念，我这辈子会怎么样。我非常迷惘。

但是，这么多年过去以后，我见过太多跟自己类似，因为终身学习而受益，而改变命运的人。我现在笃信每一个人都应该终身学习。

终身学习听起来很可怕，很漫长。但是，如果你转换思路，想明白这个世界本无尽头，学习必然也没有尽头，但行好事，不问前程的话，你的内心就可以获得一种别样的平静。

不管世界如何喧嚣，不管亲友怎么暴富，以自己做标尺，把改造自己当作终生的事业，我们仍旧可以内心平静地慢慢前行。

经常有人问我，就是学不下去该怎么办？

以前我有点不知道该怎么回答。但是回到终身学习的逻辑去看，学不下去就不要学，找点你学得下去、你喜欢的东西去学就是了。

开始我学英语也有些其他的目的，但是慢慢地我发现了美剧之美，发现了英文书之广博，以及与我们现有世界观的差异，我就没有其他的学习目的了，考不考得过雅思我不在乎了，我就是需要英语作为我打开世界大门的钥匙而已。所以，后面学英语最快的阶段，其实我不是在学英语，而是在学习这个世界的某一个我感兴趣的方面。

所以，一切痛苦都不是痛苦，一切辛苦也都是快乐。我用一页查8～9个单词，10多分钟看2～3页的速度看完了《大争论：左派和右派的起源》以后，没有感到任何痛苦，只有得道一般的快乐。

没有高智商，
也能学好英语

我一直在写文章。因为很多人说，学好英语多难多难。我现身说法介绍了自己的经验。一部分人过了几个星期或者几个月说，他们实践了我的方法，得到了突飞猛进的改进。

然而，有的人则留言说，这种学习英语的方法太难，需要特别高的智商。我就是因为智商高，所以才能看看美剧就学会英语了。方法不好，全靠智商硬扛。

首先，他们弄错了一个地方，我不是看看美剧就学会英语了，到今天我至少看了 10 年的美剧，看了几十上百部美剧，有的美剧本身就有 100 个小时以上。我积累了几千上万小时的听力练习量。

当然这 10 年我并不辛苦。看美剧对我来说不是惩罚，而是娱乐。这 10 年看美剧也不耽误工作和其他的娱乐。所以，你当然可以说，我什么都没学，就学会了英语。但是，我从来没说，看了三分钟美剧就会给你带来巨大的变化。

当然我认识很多聪明的人，有人十年前英语什么水平，现在还是什么水平，甚至包括一些移民到英语国家的人。也有些人很聪明，他的聪明不在于他学习英语速度的快慢，而在于他听到一个方法以后，会去思考，去尝试。他思考的目的不是为了和人争论，为了赢得一次伟大的辩论，而是思考这种方法是否适合自己。他尝试是因为他相信实践是检验一个理论最好的方法，不管这种方法是否符合他的直觉，只有实践才能检验。

而另外一些人他们喜欢争论，他们对学英语没有兴趣，但是对在学英语的方法论上吵赢你很有兴趣。我喜欢躲着这些人，我乐意承认他们永远正确，但是请他们不要来烦我。

我只想跟乐于去思考和实践的人沟通。

学习英语需要高智商吗？不需要。

学习任何一门语言都不需要高智商。人和动物很大的一个区别就是，人类有非常复杂的语言。无独有偶，全世界每一个地方的人类都发展出虽然不同，但是都很复杂的语言。这些语言可能是同源的，但是今天你看全世界每个地方的人说话都不一样，可大家都会说话。

你不能说英国人会说英语，所以英国人很聪明；中国人不会说英语，所以中国人笨。反过来，你也不能说，汉语很复杂，中国人会说汉语，英国人不会，所以英国人笨。

这个世界上没有这样的道理，汉语很复杂，英语也很复杂，西班牙语也很复杂，印地语也很复杂。

你去看语言史的学习资料，就会知道世界上的大多数语言没有什么高低贵贱之分，这些语言都是很复杂的。

但是确实，有一些民族或者部落，长期没有脱离狩猎采集，没有进入农耕文明，没有进入后来的青铜时代、铁器时代。他们因为缺乏跟世界的沟通，所以停留在非常原始的状态。他们的语言系统非常奇怪，语言系统里面的数字系统发展不起来，没有12345678这种概念。做狩猎采集不需要做那么精细的统计，所以他们的语言系统里头只有一、二和很多这三种数字概念。有这样的一类语言。

但是大多数国家，语言系统都是非常完备的。这说明语言是人类的本能，人类进化到某个程度以后的本能，学习语言就是本能。

任何一个以英语为母语的人，学汉语都会很困难。任何一个以汉语为母语的人，学英语都会很困难。这叫二语习得的问题。这不是语言难，而是纯粹的二语习得困难的问题。

为什么学习母语都容易，学习外语都难？

要理解这个问题，你就要回到最初。我们总是把形式化的学校教育当作所有的教育，当作所有的学习。这样你就很难理解为什么母语好学，外语难学。

事实上任何一个人，在一岁左右就开始说话。一个婴儿，为什么会说话，他其实做了大量的学习。他每天听到爸爸妈妈在叫他，说叫爸爸叫妈妈，听到父母逗他，这其实都是一种学习。

他开始叫爸爸妈妈以后，这种学习会变得更加迅速，因为父母跟他的互动变得高效了。在学龄前，他还会不断地学习。事实上不论中国人还是外国人，哪怕家长不教他认任何字，在先天文盲的状态下，孩子也是在不断学习语言的。他听到父母说话，看电视，走在街上问父母这是什么东西，那是什么东西。这些都是在学习。

一个孩子在上学前，已经有很强大的语言能力了。他可以说清楚很多东西，他知道很多名词。

他没有学习过语法，但实际上是会按照语法说话的。他会说他是谁，他想干什么。"我吃饭"，他不会说成"我饭吃"。他的语法不会有太大的问题，这叫作自发和自觉。

教育帮助我们理解"我是谁"，这句话里头有个主谓宾，帮助你理解这个结构，以便于你去更深刻地理解这句话。但是像"我是谁""我想吃饭""我吃饭了"，这些东西其实你自发就学会了，根本不需要自觉的过程。

在中国，大学毕业生一般都经过了 13 ～ 16 年的英语学习。

但是很多人仍旧在最基础的怎么说话以及怎么听懂别人说话上面出现问题。虽然他们掌握的词汇量不少。

很多中国人的英语为什么是一种哑巴英语？或者我更喜欢说，是一种聋子英语。它先聋后哑，听不懂自然就不会说，自然无法练习如何说。

使用"聋哑"英语的人，有的考得过英语四级，有的有英语六级词汇量。但是，仍旧是"聋哑"英语。

这种"聋哑"英语，在我看来是不如一个国外的 8 岁小孩的英语水平的。因为 8 岁小孩继续学习英语是很容易的，他学会了语言的基础。遇到一个词不认识，他可以去查词典，在生活中，他会不断地学会新的词。

所以在中国现有教育现实下，我认为一个使用"聋哑"英语的人，反而一开始的目标不是谈词汇量有多大，而是能不能拥有和一个 8 岁的英语母语使用者一样的英语水平。

你先不要跟我谈雅思词汇，四级、六级词汇。其实一个 8 岁小孩的词汇量不一定很大，但他会流畅地沟通。最低限度你先提升英语听力水平，至少掌握一种虽然"哑"，但是不"聋"的英语。

这是我提倡看美剧学英语的一个原因，也是我不停地看美剧的原因。它可以帮助你从学会一种"聋子"英语变成学会一种听得懂外国人说话的英语，然后你继续学习，再去积累词汇量，就变得非常容易，你就不需要刻意去积累词汇量。

英国人学英语，中国人学习汉语，都是终身学习。一生中都在积累词汇量，但是最主要的词汇量，不是坐在教室里头，听老师一句句教的，而是在各种生活场景中使用的时候学会的。

如果你已经有了英语四级词汇量，或者英语六级词汇量，想学习一种非"聋子"的英语，其实并不难。

因为传统教育模式、考试模式里头没办法把听力提到一个非常重要的地位。老师不可能天天监督你去听。同时我们的听力教材也是为考试准备的，它们很无聊，很难让你自主地进行大量的训练。

如果没有被老师约束在一个听力教室里头反复地去练听力，你就非常难以坚持。所以我强调的是你不要去做这种听力练习，你就去看自己想看的东西，美剧也好，YouTube 上的视频也好。你感兴趣，同时跟你现有英语水平接近的东西，这个时候你其实可以迅速进入一个训练听力的过程。

当你的听力达到一定水平以后，你会发现语言的本质是听，文字是记录语言的工具。当你在听力达到一定水平，脑子里有大量的听力词汇的时候，因为原有教育本来就给了你很多阅读词汇，然后你去阅读的时候，也会无师自通，自然提高你的阅读能力。

如果说你特别想训练自己的阅读能力，还可以做专门的阅读训练。多看英文书，多看一些英文新闻。

学校教育给你的阅读词汇，跟实际上你会感兴趣的、对你有意义的内容，还是有差距的。当你根据自己的兴趣、自己的钻研领域去看美剧、去听东西，看多、听多了以后，你实际上积累了很多你感兴趣的词汇，这时候你再去看一些你感兴趣的书、感兴趣的新闻的时候，就会变得更容易。

写作训练其实也是一样的，写作训练的基础是阅读。英语口语训练的基础是听。这是我一个劲地反对国内的很多人把口语看得非常重的一种教育倾向的原因。很多人在自己听力不达标的前提下，进行大量的口语练习，但这些口语练习的范围又比较窄。

就算你找到了一个不错的英语老师，你们能聊多少复杂的事情？

事实上他跟你聊 1 个小时，你接收的信息量可能基本为零，不如看 1 个小时的美剧接收的信息量大。你看美剧可以一天看 5 ～ 10 个小时，你能一天跟老师做 5 ～ 10 个小时的对话练习吗？

更重要的是听力，当你能听懂很多词的时候，哪怕说得不标准，你也是可以跟人交流的，你就进入了快车道。

所以我们讲的所有这些步骤，都不需要你有高智商，但是要理解这些步骤的价值，可能需要你有点脑子，或者说你一开始理解不了，可以去试一试。这个我认可。

总结出一些方法，或者说方法背后有什么价值，这个需要一定的智商。但用这个方法本身不需要智商。因为归根结底，我的所有方法都在强调，从一个非母语者的角度学习语言是很困难的，要去理解和学习母语者的听力练习方法，以及学习母语者的阅读练习方法。

然后就是因为学校教育其实很无聊，所以必须有人逼着你学。

但是你一旦离开了学校以后，你的所有学习最好都跟你的兴趣有关联，这样的话就不会无聊，就会有意思。你就会更积极、更持续地去学。

不是信息过剩，
而是你沉迷在噪声里

现在大多数人最爱说的就是现代社会信息过剩。是啊，当年号称"中国历史上最勤政的帝王"的雍正，在位 13 年共 4000 多天，朱批汉文奏折 35000 余件，满文奏折 7000 余件，但是平均下来，一天也才批阅大约 10 件奏折。而我们现代人呢？一天花多少时间在微博？一天花多少时间在朋友圈？

我有朋友给我看了一眼他一个同事的朋友圈，一个小时不到，他那个同事转发了 15 篇长文。话痨程度简直跟我相当了。

问题是你看了那么多东西，上通天文，下知地理，然后呢？这些知识帮你找到新工作了？帮你升职了？帮你找到女朋友 / 男朋友了？你每天深夜睡前还努力玩半个小时手机以后才肯睡去，给你带来的唯一收获是什么？

你学会了一句"然并卵"，看到所有帖子都想回复这句。

你学会了一句"懂得很多道理，却仍然过不好这一生"。

父母给你打电话，你爱搭不理。

跟恋人坐在出租车上，还没说上两句，你们就各自掏出了手机，唯一能看出你们亲密关系的是他看到了一个好玩的笑话会转发给你，你看到了一个好玩的笑话也会转发给他。

随时随地你都在玩手机，随时随地你都在转发。

你总觉得这世界太仓促，稍微不小心就错过了一句至理名言，或者一个让你爆笑的笑话。但是，你看到一篇稍微长一点的文章就会说，这么长，谁有耐心看啊。至于看书，你这几年阅读量也算是日可过万字，但是书长什么样子，你都快忘了吧？

在这种情况下，你当然会觉得信息过剩了。人生苦短，一睁眼一闭眼，一生就过去了，唯一的遗憾是，朋友圈还没刷完。

但是，你错了，信息从来都没有过剩，你只是沉迷在噪声里面而已。

首先，我们要说明白，什么是信息，什么是噪声。

一切可以给你带来实际好处的都是信息，不能给你带来任何好处的就是噪声。

很多好的信息是稀缺的，而且是有时间限制的，过时以后可能就没有价值了

如果你有内幕信息（暂时不讨论内幕交易的法律问题），你可以轻松致富，这样的东西是信息。这个世界上最有威力的就是信息。

如果你可以回到过去，最重要的不是改变过去，而是获得未来房价的信息，未来会狂涨的股票，未来的彩票大奖号码。然后你就可以悠闲地变成一个钱怎么都花不完的富人了。但是如果你知道昨天的彩票大奖号码，有任何价值吗？

但是，这些信息都是稀缺的，是难以获得的。如果你想在股市上驰骋，就需要有大量的行业知识，或者深刻理解股票市场本身的规律，当然或者你运气很好，遇上了 10 年不遇的大牛市，跟着全国人民一起发家。可惜最后一种情况的很多成功者，在接下来的大熊市，不仅赔上了全部的身家，还赔上了未来几年的全部家用。

这样的信息不可能出现在你的微博和朋友圈里。

为什么我一直倡导大家读书呢？

因为大多数人不读书，所以，很多并不稀奇的道理，并不难懂的道理，就稀缺起来。你掌握了这样稀缺的信息，就掌握了别人没有的能力和价值。

2007 ～ 2008 年的时候，我和霍炬开了一家咨询公司，客户询问我们能否帮他们提供一套搜索系统。我知道 Lucene 可以用来做搜索，于是买了两本书——《Java 语言入门》和《Lucene 实战》。当时国内可能有百万 Java 程序员，所以，《Java 语言入门》并不是稀缺的信息。但是，Lucene 当时在国内还不流行，知道的人还不多，《Lucene 实战》在国内的销量可能还没过万，再加上不是谁读了都能读懂。所以保守估计，国内当时可以做好 Lucene 的人可能也就在百人左右。所以，看这两本书的结果是，我写了一套搜索系统，当月上线，几天后就卖了 10 多万元，后来一直都有客户。我们还用这套系统开了另外一家公司，获得了 75 万元的天使轮融资。

信息的价值可见一斑。（利益相关：这家公司后来我们运营得不好，且遭遇美国次贷危机，没有融到 A 轮，无疾而终。）

如今国内可能有上百万 iOS 程序员。所以，iOS 并不是什么稀缺的知识。但是，2009 年，iOS 刚有 SDK 的时候，我就开始学习了。那时候，全北京只有 20 ～ 30 人会写 iOS 程序。于是，当网易有道想迅速推出一个 iOS 版本的有道词典的时候，他们很难找到人，自己的程序员也不知道一时能不能学会。他们辗转问了很多人，后来通过一个朋友找到了我，我帮助他们做了有道词典 iOS 版的第一个版本。1 ～ 2 年后，有道词典 iOS 版本就拥有了上亿用户。这是我写过的最火的 APP，但是我从来都不是网易的员工。做到这件事情，正是因为我在合适的时间，掌握了稀缺的信息。

你的蜜糖可能是他人的毒药。信息亦然，你的信息也许是别人的噪声，你的噪声也许是别人的信息

大多数时候，街边的小广告是我们最反感的一种噪声。我天津家里的楼道里面到处都是小广告，墙上有，楼梯上有，楼梯下方也被贴满了。大家铲了，他马上又给你贴上，墙刷了一遍又一遍，它们总是"春风吹又生"。

但是，那年我刚好要在北京的广安门附近租房子的时候，让我迅速找到房子的正是房东贴的小广告。

对每天路过的上万个暂时不想换房的人来说，那条小广告就是垃圾。而对那个时候正好走过，也正好想换房的我来说，那条小广告就是信息。

所以经常有人来问我："Tiny 叔，我是一个大学生，我该看什么书？""Tiny 叔，我是 iOS 初学者，我该看什么书？"

你就是你，你该看什么书别人怎么知道？自己需要什么书是根据自己的需求来的，是自己在大量的阅读中体会出来的，找别人推荐就是找捷径，就是不走脑子，就是想被洗脑上瘾，不停地想找些垃圾来毒害自己。

深度信息的价值

这些年，我不断地跟人说多看书的好处。

第一是因为现在看书的人很少，你只要看书，就可以脱颖而出。第二是我认为对人最重要的是成长，而成长就是不断地用体系化的知识，倒逼自己的大脑进化。你看几万条微博和微信朋友圈，不如读一本薄薄的 100 页的好书带来的成长。

大多数的微信公众号也是浅信息，但我一直坚持用比写书还高的要求来要求自己。每一篇文章的立意都是揭示大家的一些认知误区，起到当头棒喝的作用，力求有价值，可以帮助大家成长。

什么是深度信息呢？一般来说经典书都是。

但是，其实有时候，书没有好坏，关键在于对你是否有价值。比如，《人月神话》这本书很薄，其实就是在讲一个非常简单的道理。就是说，在建筑行业，小工可以 10 个人一起砌一面墙，所以，10 个人砌墙比 1 个人快 10 倍。而在软件行业，因为代码的耦合性，管理方法的耦合性，往往人和人之间有非常强的依赖关系，经常 10 个人写代码的速度，达不到 1 个人的 10 倍，甚至有时候连 1 ~ 2 倍都达不到。所以这个行业其实很原始啊。这个道理简单吗？几十个字也可以说清楚，但是这是一本非常有深度的书。

它揭示了一个我们之前不知道的理解世界和理解行业的维度，提供给我们一个在软件公司管理方面时时刻刻都需要思考的问题。

有很多书都是这样的。你可能会说，读书有什么意义？那是因为你没看到这样的书，或者说看到了这样的书，你没有看懂，没有看进去。如果你做不到从好的书里学会新的思维方法，那么读书确实是没有意义的。

信息，从来都稀缺，因为信息本身稀缺，也因为信息是有方向维度的，不适合你的信息不是信息，同时，人人都知道怎么吸收一些浅显的信息，但是很多人不知道怎么吸收深度的信息。所以，大多数人喊着信息过剩的时候，他们的脑子里面只是垃圾过剩而已，我们应该做一个对真正的信息极度渴求，对垃圾主动抗拒的人。

判断一切问题的维度很简单，就是我们一直说的，一切从自己出发，从自己的需求出发，从自己成长的角度去考虑。如是。

自律的，
才是自由的

最近跟两个朋友好好聊了聊，所以想写这么一篇文章。我一直是一个推己及人的人，我自学觉得很简单，当然觉得人人都应该能自学。这被事实打过脸。我最近几年都在做自由职业，我也想当然地觉得自由职业没那么难。但是这两个朋友的经历也打了我的脸。

第一个朋友是一个很不错的程序员。他曾经跟我共事过，我很欣赏他。他这些年也一直积极地想做自由职业，但是没成功。后来他拿工作签证去了日本，待了几年他已经在日本混得还可以了。他所在的公司因为疫情慢慢地转向了全面的在家工作。

我替他高兴。在我看来，他这样的好手，工作完全能够应付自如。如果在家工作，去掉了通勤，加上他的高效率，实际上就等于是自由职业了。一天只需要忙 3 ～ 4 个小时，其他的时间用来旅游，用来休闲，都可以。

他本来在国内还蛮"宅"的，去了日本以后，经常看到他晒一些出去旅游的照片。

这基本上就快接近我的梦想生活了。我去日本以后，其实准备先安定下来，然后买辆房车，反正我是自由职业，就边旅游边生活了。

然而前两天他跟我说他换了一份工作。薪水甚至都没涨，唯一的变化是这家新公司是比较坚定的坐班制，哪怕是日本疫情的问题，他们也没怎么让步，大多数时间还是坚持让员工坐班，不能远程。

我说："你为什么要换这么一家公司呢？在家办公自由自在不是很好吗？"

他说："想是这么想的。一开始也特别好。每天早晨早早起来，泡上咖啡，看看新闻，稍微休息休息就开始写代码，写到中午，一天的工作就差不多了。下午就出去转，把周边的公园绿地、商场都转了个遍。"

我说："这不是蛮好的吗？"

他说："但是不知道从哪天开始就想晚起了，然后就越起越晚。起来经常发现同事的邮件已经一堆了，但是蓬头垢面，精神恍惚，也做不好啥。用自己的电脑刷刷网站，看看电视剧，玩玩游戏，就天黑了。往往要到晚上12点才开始有精神，打开公司的电脑，偷偷加班，默默地把工作做完。然后就开始越来越严重地日夜颠倒，慢慢地变得干脆就大半夜起来做事情，然后睡不着玩游戏，白天再睡觉。"

我说："也就是说你发现你完全没办法自律，除非有一份坐班的工作？"

他说："是啊，换了新公司两个星期，偶尔会起晚，但是也晚不了 1 个小时，最多来不及吃早饭，或者稍微迟到。但是现在工作效率特别高，生活也正常了，身体也舒服了。"

我很感慨，说："那你以后还想做自由职业，或者说做独立开发者，或者找份远程的工作吗？"

他说："应该不会了，我控制不了自己。"

我说："Todolist、GTD、番茄钟，各种软件，各种自律方法，你都试过吗？"

他说："全都试过，都没用，只有坐班的规律生活才能让我工作有效率。"

我从来都认为科技对我们生活的改变，让我们 Dream come true（美梦成真）。在今天的世界，科技确实带来便利，但是有的时候让很多人无法正常生活。

今天仅仅活下去难度太低，吃饱饭没有以前那么艰难。所以，人生活和努力的动力就不足了。

今天有足以让人娱乐至死的丰富的娱乐资源。如果你沉迷其中，你完全不需要走出来。

我买了一个雷蛇笔记本，起因是客户有个项目，我必须要用 Windows 的 IE 浏览器填写一个表格。我想顺便买个游戏本吧，又不是买不起，就买了。刚买完，我就安装了《绝地求生》《荒野大镖客》等游戏。楠子最爱的《帝国时代》也马上安装上了。然后她就打了几个小时，直到眼睛受不了了，才把游戏本还给我。

我家里其实还有 PS4、Switch，甚至还有 PSV 以及 N3DS 等游戏机。我也买了爱奇艺、腾讯、YouTube、Netflix 的会员。

我也沉迷过，在我最抑郁的那段时间，我玩《塞尔达传说》每天至少十个小时。

然而，现在家里的这些娱乐设备都还在，但是我仅仅在完成了需要做的事情之后，才会想去碰它们。虽然我深爱它们，但是生活和工作对我更加重要。

我做自由职业的这几年，最大的挑战其实也是自律，而不是其他的东西。大多数人都可以在打卡制度以及上司的管理和催促下，完成工作。然而，当一切的计划、监督和执行都是你自己的时候，你怎么坚持，就变得很难。

这也给了少数人机会跟大多数人区隔开。每个人都有机会掌握更多的时间，更自由地安排自己的时间和生活，前提就在于能否自律。

只有自律才能带来自由。

学思关系
以及阅读中的模型和数据

孔子说，学而不思则罔，思而不学则殆。

我上初中的时候，这句话是课本上有的，是必须背的，我不知道现在的年轻人学过没有。这句话非常简单，但是讲出了很深刻的道理。

学而不思则罔。就是说你光学习，光看书，不思考，就会感到迷惘。我们在一生中其实经常遇到这样的读书人，他们可以非常轻松地引经据典，但你就是觉得他们的思想没有深度。他们读书是记忆化的，没有思考，没有理解。他们往往记忆力超群，在一些辩论里也可以靠各种语录获得胜利，但是先贤到底在说什么他们并不知道。

人类历史这么长，经过了无数次的变化，各种先贤的理论至少在字面上是冲突的，为什么会有这种冲突，他们理解不了；各种理论为什么会发展，他们也理解不了。这样的人，容易变成一台复印机，或者是疯子，因为他们看书看多了，看了太多矛盾的东西以后就不知道该怎么自处了。

有人说运动可以减肥，有人说少吃肉可以减肥，有人说不要吃糖，有人说要吃肉，这就是"罔"。想要不"罔"，就需要自己对世界有一定的认识，对看的书有鉴别能力，有融会贯通的能力，有思考理论发展的原因和状态的能力。当然这些都来自学之后、看书之后的思考，思考了以后，老师说的话、书里面的知识，才能变成你脑子里面的东西，而不是教条，不是一些让你糊涂的理论。

从孔子这半句来说，我们也可以把"思"广义化，用自己的实践去验证一个理论，也是"思"的范畴。我在看经济学的书时，会用学到的理论试图分析在现实生活中遇到的问题，这也是思。而去旅行，去见世面，去了解不同的风土人情，跟书上的描写做对照，这也是思。

思而不学则殆。就是你光思考，而不去学习，不去看书，就是在浪费生命。我们在生活中也经常会遇到这样的人。他们对人生的意义非常有兴趣，喜欢各种胡思乱想，经常想破头也想不明白，陷入各种情绪之中，但就是不知道找来一些最基本的哲学书入入门。

人类文明出现几千年了，但是从进化论的观点来看，现在的人类和几千年前茹毛饮血的祖先在生理上和心理上都没有太大的区别。为什么祖先只能吃生肉，而你可以享受各种各样的先进科技？为什么祖先只能走路，穿的鞋子是草编的，而你可以穿 Nike（耐克），可以开汽车？原因很简单，因为人类一直都在传承文明，传承经验，每一个人从出生到长大都需要接受教育，不管这个教育是发生在贵族学校，还是在野地里。最初父亲穿着兽皮教儿子如何打猎，自从有了文字、文字的存储介质（泥板、莎草纸、甲骨、纸张），人类就可以非常轻松地把上一代的经验通过文字的形式传承下来（你可以想象这比口耳相传强多少）。实际上，每一个大学毕业生，理论上都是集合了人类几千年经验于一身的人。但是，在学校教育之外，还有浩如烟海的人类经验集成，在图书馆、书店里，只要你想学，你都可以学。

可是，如果你只思不学，你就是狂妄到了以为每一件事情你都可以跳过几千年的传承，自己找到一个答案，或者新的解决方案。当然，如果你是不世出的天才，也许有戏，但是对大多数人来说，先去思考，再看书，吸收前人的经验，然后提出自己的答案和解决方案是更靠谱的。实际上，真正的不世出的天才们，如爱因斯坦、牛顿、亚当·斯密、图灵、冯·诺依曼等，没有一个不是擅于利用前人成就的人。

合理的看书方法是，看一本书，然后吸收和消化它，将其变成自己的理论，然后去验证它。同时，不断地吸收不同人的观点，观察世界，产生新的疑问，自己进行一定的思考，寻找合适的书、理论和牛人，去试图解决这些疑问，然后试图发展这些理论或方法，循环往复。

阅读中的模型和数据

我在一段时间里大量看机器学习的书和视频，事实上，所有的机器学习问题都是在模仿大脑，要做人工智能。所以，我们从这些机器学习的思想和方法上也可以反过来对我们的大脑有一些理解和认识。

按照机器学习的理论，一个机器学习系统，往往是模型＋数据，比如你用一个朴素贝叶斯模型训练一个垃圾邮件分类器。你选定一个模型后，数据越多，往往结果越准确（当然也有过拟合问题，这里不讨论了）。而假设数据总量不变，你选取更好的模型，或者说，同一种模型更好的参数，结果也会越来越准确。

可以类比的是，我们上学学会了语文，学会了数学，也学会了物理。这些不同的学科，实际上是不同的模型，用来解决不同的问题，你要是用错误的模型去解决问题，结果当然不好。

目前人的大脑比机器强大的地方是，人的大脑没有固化任何模型，老师可以教你任何一种知识，这些其实都是不同的思维模型。

回到看书上来说，我认为看书给你的收获，一般情况下有两种。

第一，改造你的思维方式，给你新的思维模型。第二，在现有思维模型下，给你数据，让你对现有模型更精通，更确信。

看书，我认为如果能追求数据增长，就已经是好事了。但是，最重要的是追求模型增长。这个世界上没有绝对真理，所有的信息、经验、Know-How、对人有用的东西，散落在这个世界的各个角落，在实践中、在书籍里、在文章里、在很多人的脑子里。我们慢慢地学习和成长的过程，就是一个不断汲取这些东西的过程，随着你越来越逼近这个世界的真相，你就会有越来越大的能力，所以核心还是怎么看待这个世界的问题。

当看到一些让你的模型获得成长的书的时候，你会有感觉，你也不会担心如何外显的问题。所有跟我聊天的人，不需要我去外显什么，他们都会沉浸在跟我的交谈里面，觉得受益匪浅，然后不断地想约我聊天。

当读书的时候
我们在读什么

我的 Kindle 里面有 100 多本书，看完的有 10 来本的样子，还在一本一本地买，一本一本地看。

书的意义怎么往大了说都可以。当然，今天在这本书里，"书"并不仅仅指纸书，也包括电子书，甚至也包括网络上的一些文章（但仅仅包括那些组织比较严谨、不流于表面的文章），以及 YouTube 上面的一些视频。

人类和动物的区别

之前我在参加上海的一个外国人和中国人各占一半左右的聚会的时候，主持人提出了一个问题：什么是讲故事，对我们有什么意义？我本来以为这个题目没啥出彩的。谁知道，第一个站起来说话的外国人，就把讲故事的意义推到人类起源的级别上了。

他说，人类和其他动物的区别在于人类可以讲故事，而动物的语言比较简单，无法做太复杂的交流。我们可以想象一个远古人，他可以用讲故事的方式把他掌握的所有狩猎知识传授给他的后代，这样他的后代就不用自己从头研究这一切。动物也可以传授后代一些技能，但是受到语言的限制，只能传授非常简单的知识。

语言当然有它的局限性，效率低下，不能直接保存，只能靠一代代人口耳相传。幸运的是，人类后来创造了泥板、莎草纸、甲骨、竹简、纸等存储介质，用文字的形式把很多很多信息和知识记录了下来。

现在任何一个考得上大学的年轻人，都可以在大学学习微积分，而微积分这门学科出现在 17 世纪，也就是说，在 17 世纪以前，即使当时最伟大的数学家也不会这门学问。因为书籍的传承，我们才能站在牛顿和莱布尼茨的肩膀上去认识世界，改造世界。人类文明发展到今天，任何一个普通人生活的便利，都是由无数代人的努力和经验造就的，而这些都来自知识的积累和传承。

从个体上来看，人和动物的区别是，大多数动物都生活得非常类似。而人和人之间有本质的不同，随着科技和经济的进步，人和人在生理上的差异对人的生存竞争的影响越来越小。换言之，就是知识改变命运，越来越容易。当然，在国内有一种误区，以为所谓的知识改变命运，指的就是上大学改变命运，其实不然。学校教育只是获取知识最高效、最常见的一种手段而已。而大多数人被学校教育蒙蔽，以为离开了学校，就没有办法系统、全面地获取知识。事实上，在这个时代，大学毕业，竞争才刚刚开始。

关于打折

我总劝大家不要在京东、当当打折的时候才买书，有人说，他们不是只在打折的时候才买书。但是，事实上，很多人仅在打折的时候才想起来自己需要看书。买书、看书应该是一种习惯，一种生活方式。如果一本书不能让你毫不犹豫地买下来，你未来会把它好好看完的概率也不会太高。

其实也不是说你就不能买打折的书。问题在于，任何一本好书的价值都远大于它的定价，在这样的情况下，迅速获得一本好书，获取其中的知识，从而提升自己的价值，才是更合理的决策。或者反之，如果你觉得一本 100 元的书，只有打折到 20 元的时候你才买，也就是说你认为阅读这本书带给你的价值只有 20 元。那么在这种情况下，我只想劝你，别看这本书了，看书还要花时间呢，这点时间干什么获得的价值不比 20 元高，这 20 元吃点啥不香呢？

一个人如果不在乎自己的时间的价值，就不能真正地提升自己，只能把生命浪费掉。

每次说到这个话题，总有人跑来说，他们不就是看了几本打折书嘛，用得着那么说来说去吗？买原价书就那么"高大上"？错了，问题不在于省钱与否，而在于这种心态。

折扣是一种用来扭曲商品价格，从而让人忽视商品价值的营销手段。而对你自己来说，核心问题不应该是价格，而是一本书会不会给你带来价值。（题外话，打折绝对不会省钱，除非商品打折与否完全不影响你的购买决策，否则看到打折就狂买一定是浪费钱的。）

要看增长你技能的书，更要看提升你对世界理解的书

演讲的时候有人问，是不是年龄到了，很多事情才能懂。

其实并不是这样的。我见过很多非常不错的年轻人，比他们的同龄人成熟得多，他们共同的一点就是喜欢看书，喜欢自主学习。因为大多数人相信学校教育结束后，就不需要努力学习了，当所有在校的学生都觉得接受学校教育就够了的时候，那些在学校教育之外，还在努力看书和学习的学生，当然很容易脱颖而出。

我在这两年，开始广泛地阅读英文书。感觉就是不断地接受人生观、价值观的升级，就是那种睡在床上觉得自己的骨头嘎吱作响的脱胎换骨的感觉。所以，我相信阅读可以改变你，让你心态更加

平和，做事情更加有方法，效率更高。

我之前多次用过一个比喻。我们人类的学习，就跟计算机科学里面的机器学习很像，有的书可以提升你的数据量，使你对一个脑子里面的既有模型加深印象，得到改善；有的书可以给你灌输新的模型，让你对所有司空见惯的事情产生新的理解。

我们需要看大量提升数据量的书，更要看大量增加思维模型的书。或者说，要看增长你技能的书，更要看提升你对世界理解的书。

不要找人列书单

第一，没有人有义务给你列书单，第二，没有人可以列出一个适合你的书单。

大师的书单好不好，很好，不过有很大的概率是连里面最简单的书你都看不懂。每个人都有自己的发展方向，不要让人左右你的阅读，要自主学习。

每一个在线书店、线下书店的陈列都是书单，代表了不同的书店、不同销售风格对书的取舍。每一个你欣赏的"大牛"，脱口而出最近在读的书，都是书单。

如果你茫茫然没有方向，或者大喊一声"这个世界上没有好书"，问题一定不在于没有人给你列书单，也不在于这个世界上没有好书。

很简单，问题在于你书读得太少。

在读得太少的前提下谈优劣是一个笑话，在读得太少的前提下谈选择是另外一个笑话。

列不出自己的书单，找不到好书，都说明第一你不了解自己，第二你不了解书。你需要在阅读中认识自己，先随便找些书读，慢慢地寻找，什么样的书会让你感动，什么样的书会让你受益，什么样的书让你泪流满面，什么样的书让你整夜无法入睡，什么样的书让你觉得自己获得了新生，什么样的书让你热爱这个世界，这一切，既是在阅读，也是在发现自己，发现书。

"好读书，不求甚解"。陶渊明的这句话，历史上有无数种解释。我讲一个我的理解。

我读书非常快，因为看任何一本书我都不求甚解。目的有两个。

第一，快速建立索引。

有很多书的内容是需要实践配合的。比如一本技术书，里面讲到了一个算法，我往往只会非常简单地看一下，然后就略过。等到我需要用这个算法的时候，我能知道哪本书里面提到，就可以了。用的时候，我再找到这本书仔细阅读，实践一下，验证一下，这样的理解比认认真真地看这个章节 10 遍效果还好。

有的书的内容本来就太庞杂，你阅读的意义就不在于每个细节都读懂，而是在于需要用的时候可以找到。

第二，如果一本书足够好，你就不用担心一遍读不懂，或者说汲取不了全部营养。

有很多书，我是会翻来覆去读很多遍的，所以第一遍甚至前几遍都无须太过认真，可以追求效率，迅速了解大局，而不是在细节上花太多的时间。

快速阅读的好处是可以提升阅读量，比如在接触某个比较艰深的领域的知识时，我习惯的方式不是花时间选一本最经典的书，而是买比较经典的4～5本，甚至买10本，然后全部快速阅读，用自己的阅读体会找到不同书的不同侧重点，相互印证，更快获得更全面的信息。

学校教育的价值

大多数人都低估了我们学校教育的成果。你觉得你习得了中文的听说读写是很容易的事情，实则不然。如果你仔细回忆，或者观察刚上学的孩子，你就会发现学龄前人是有足够的听、说能力的，但是对大量的概念、知识没有任何认识。这是因为学龄前我们的信息接收渠道是大量的、非刻意的学习，这是学习语言听、说最好的途径，你会接收大量领域相关信息（你听到家人、朋友说的东西，总是在某些特定的领域），信息大量冗余，在这种情况下进行无限度的日常训练（听了6年，说了5年多）。

但是，在这个时候你学习读、写的困难其实是巨大的。所以，你仔细观察的话会发现，小学一年级的课本只有非常少的汉字，不断地重复（我小学的时候，一年级课本只有40个字）。所以，实际上这是一个非常平的学习曲线。但是，随着你的年龄和学历的增长，语文教育有意无意地慢慢扩大你的词汇量。如果你有自己的阅读兴趣的话，你的词汇量就会不可抑制地迅速增长。但是无论如何，到了大学毕业时，中国人普遍应该认识 5000 个左右的汉字。

学校教育的两大价值就在于：第一，你学习的知识体系是阶梯形的；第二，老师通过课堂记录、课后作业、各种考试，提供了一定程度的强制性，保证你有足够的学习量。

这两件事情是不可替代的吗？从乐学的学习曲线来看是不可替代的，但并不是说这两件事情必须由学校、培训机构、导师来提供。

我崇尚自由。自由有很多级别，就学习来说，你可以选择学习什么东西的时候，就获得了第一层自由。但是，如果你的学习能力不能满足你的兴趣的话，你的自由是受限的。所以，我一直在锤炼自己的自主学习能力，当这个东西突破后，我就获得了第二层自由。而第三层自由往往是，如果你视野不够宽广，你根本不能做真正的自由选择。你根本不知道你最喜欢哪个选项，因为那是你完全不知道的一个选项。所以，我学好英语的目的不是为了找份工作，不是为了具体的使用，而是为了可以在各个层面，让我获得最好的、最及时的材料。

这三层自由在手的时候，在我看来在这个层面就活开了。我认为我已经活开了，我深感愉悦，也希望大家有机会能慢慢突破这三层自由前面的界限。

所以，我一直说我不需要导师，我学习东西快，这跟聪明与否真的关系不大。

我学习任何一个新领域的内容，都会用非常愚蠢的方式入手，不在乎一开始的得失，前面的路径越平坦越好，第一步越简单越好，然后进行几步以后，才开始思考是否有优良路径选择的问题。

在整个学习过程中，我会人为地设计路径，会一步一步让自己获得更快的进步，但前提是每一步都是快乐的，一点一点地提升难度。曲线是越来越陡峭的，虽然一开始极其平缓。

同时，任何一个我不能设计出可以反复练习和进行规律性学习的领域，我根本就不进入，除非我找到可以规律性学习的方法。

再谈一两句信心问题。我多次谈过我的 CTO，大家可能对他有了一个错误的理解。他现在很棒，但是一开始他的起点低于很多很多的人。

他在漳州一个普通的大专毕业，学校本身没有会编程的老师。毕业后，他找不到出路，在学校的机房做了半年管理员。后来去电脑城打工都干不下去，被开除。再后来自己在家里迷惘了半年，学习了半年 iOS。

他来上海见我的时候，iOS 水平并不比 OurCoders 论坛里面的任何一个初学者好。我看重的是他可以在非常困难的条件下学习，肯学习，但是并不代表他已经学得很好。

他和我都知道的一点是，以他当年的简历背景、水平和沟通能力，他在上海找到工作的概率非常渺茫。

在跟他共事的过程中，我发现他不喜欢抱怨，喜欢自己默默地把事情做好，不会就去钻研。这点我很喜欢。于是在公司的工作上，我刻意地给他设计了逐步提高难度的工作。

如果他是那种任何一点自己不会的东西都不肯做，都做不好的人，我可能早就把他开掉了。

可以说明的是，这样的教育对大多数人都有价值，只是你遇到像我这样的导师的机会是零。可是我做的导师工作里面最重要的是什么呢？是逐步提高难度。这事你自己真的不会做吗？

前提是你肯努力，你愿意吃这些所谓的小苦。然后，后面的东西跟你聪明与否关系不大，就看你做事情有没有方法了。

第 四 章

自我悦纳：
与不完美
和解

我是怎么在嘲笑和讥讽下
学习和成长的

1997 年我高考成绩一般，于是可以选择的大学是天津几个比较差的大学，保底分数线，或者当时的西南石油学院。因为我父亲是中海油的，所以，西南石油学院成了一个比较显然的选择。父母和单位里面的叔叔阿姨都觉得这是一个最好的选择。而我那时候，对家以外的世界一无所知。

到了西南石油学院我才知道，我们学校在一个山沟里面。同学们跟我关系都不错，虽然我不修边幅，大学四年都没理胡子，长期长发垂肩，衣服经常一个星期也不洗。但是，我跟同学的交流也仅仅在一个很小的范围内。

我有很多爱好，对电脑，对编程，对写作，对阅读都很感兴趣。在学校可以交流的人不多，于是，我在互联网时代来临以后，就沉浸在里面了。那是一个互联网刚进入中国方兴未艾的时代，互联网发展得超级快。1998 年一开始的时候，学校里面仅有几个老师和学生有上网账号。我就是跟着一个学长蹭到了网络，注册了自己最早的 QQ 号和邮箱。但是可能半年不到，网吧就在学校内外如雨后春笋般发展起来了。到了后来，我在学校还得到了一间自己的办公室和最快的网络连接。

年轻的苦闷很多就消失在互联网里，我对电脑、编程、写作和阅读的热爱都在互联网里。那时候，我虽然人在南充的小山沟里面，但是在互联网的加持下，可以跟无数远在千里之外的人讨论技术和写作。我和初恋女友就是这么认识的，她在百里之外的重庆读书，我们一开始是在论坛上写东西互相认识的，然后就是无穷无尽的 QQ 聊天和煲电话粥。

后来，互联网一直是我生活的主阵地。

我大学毕业后进入了天津的一家中日合资电子厂。同事们跟我关系都很好。但是我可以跟他们交流的爱好和研究方向却很少。我还是经常在网上发文章、写东西，提问题、回答问题。

直到今天我的好友里面，还存在很多一次都没在现实生活中见过，但是互相认同，长期默默关注的人。也有很多只见过一两次，主要交流还是在网上的人。也有像高春晖这样的老前辈，我小时候，他很出名，我只是一个"小透明"。现在他路过我所在的城市，总会约我和一堆朋友一起吃饭，一起聊天。

我从上海搬到天津滨海新区，到现在半年多了吧。其实我在线下见的人，只有不到 10 个人，中间有 2015 年就见过的一些群友、YouTube 的关注者和一个在日本工作的程序员，最近他刚回了日本。不过之前有一次，一个外卖员送外卖到我家的时候认出了我，他在抖音上看过我的一个视频。

所以，我经常在互联网上分享我的学习心得和体会。当然与众不同的是，我很少等到成功以后才分享，经常在刚开始的时候就分享出来。

比如我在刚刚开始学习怎么用 VC++ 的时候，就在网上发过帖子。然后被人奚落了很多，比如你的学校不行啊，你的基础不行啊，VC++ 很难啊，等等。当然后来我在文曲星工作的时候，用 VC++ 完成的项目效果不错。我后来也做过浏览器插件、Outlook 插件等当时很少有人知道怎么玩的东西。

我在最早学习 iOS 开发的时候也是如此。那时候国内还没有几个人会 iOS 开发。其实一开始就分享固然受到了很多质疑，但是也带来了好处。我发了个帖子，于是我的朋友霍炬知道我在做 iOS 开发。于是当霍炬的朋友的朋友——有道词典当时的一个负责人，在整个有道找不到一个会做 iOS 开发的人的时候，就通过霍炬找到了我。

但是，很多时候，也有很大的问题。我是一个容易被人影响的人。我是一个受到别人的批评以后，哪怕知道他说得并无道理，也会感到难过的人。所以，我这么多年的抑郁情绪其实跟我喜欢在互联网上分享有很大的关系。我喜欢分享我的成就、我的体会、我的小经验、我开始做的小小的尝试。

但是，最终我还是坚持下来了，我在互联网行业干了 20 年。不管是学一门技术，还是开一家公司，不管是拿到投资，还是关闭了一家公司，我都发在了网上。很多人因此认识了我，跟我成了朋友，跟我讨教或者跟我分享他们的经验。也有很多在互联网上的片段，成了很多人批评我、诋毁我的资本。

但是，我还是选择保持 open（开放）的心态。我当然不会把自己的所有信息都放在网上。但是我还是想对这个世界展开怀抱。只要我觉得对其他人可能有一点点帮助的东西，我都乐意分享。

因为我只是简单地写出来，说出来，录个视频，就有机会切实帮助到一些人，改变一些人的轨迹。这么多年下来，在线下和线上说被我深深影响，甚至改变了人生选择的人有很多。我也得到了非常丰厚的回报。很多人看我的文章，不管好坏都喜欢打赏，我去哪里旅游，都有长期关注我的人想请我吃饭。哪怕出国玩都是。

30 多岁的时候，我想学好英语。原因其实蛮简单。我喜欢边看美剧，边写代码，但是当时我的英语水平不够，不看字幕就无法看剧，但是盯着字幕就没办法写代码，虽然有两个屏幕，但是我的眼睛总盯着电视剧那个屏幕的底部。于是我就认真地逼自己去看没有字幕的美剧。由此开始，我发现几年以后，我的英语真的突破了。

于是我在公众号上写了一篇文章《我是怎么学英语的，四级没过如何突破听说读写》。最早写那篇文章的时候，微信还没打赏系统，我只是在文章的末尾放了一个二维码，就给我带来了4000多元的打赏。我当时刚好在天津买了房子，直接用这笔钱买了洗衣机和冰箱。

过了几年，在我开始做YouTube频道的时候，我提炼这篇文章的精髓做了一期视频《再谈如何学习英语（为什么要建立以听力为主导的英语学习方式，以及如何轻松地突破英语听说读写）》。这个视频在YouTube上给我带来了8000多的订阅量、10多万的播放量，以及几百美金的收入。

学好了英语以后，我出国旅游一直用英语。不管是美国、新加坡、日本，我都是自由行，自己买票，自己点菜，各种自己闯，玩得不亦乐乎。

学好英语以后带来的种种好处，其实我一开始并没有想到。我仅仅是想完成一个人生目标。"看美剧再也不用字幕了"这个小小的目标实现了，而且为我带来了更多的好处。

其实我在刚开始这么学英语的时候，也在网上分享过我准备怎么学英语。那时候收到的评论大多数都是批评和质疑。甚至有人说我在误人子弟，纸上谈兵，等等。

几年后，我写那篇带来 4000 多元打赏的文章的契机其实也是在一个论坛，当大家讨论该如何学英语的时候，我评论了几句，结果被很多人讥笑和质疑，我才在义愤下写了那篇文章。

大概几个月前我买了台 3D 打印机，然后我选了选，决定用 Blender（三维图形图像软件）来建模，我头两天的文章发了很多我最近打印的小东西。我设计和打印这些小东西，发出来以后，其实也受到了很多批评和质疑。

有人说，他们这种专业做 3D 打印的，看到我们用家用打印机打的东西简直像玩具。

有人说，有了锤子一切都是钉子。很多人买了 3D 打印机之后，家里什么都用 3D 打印机打印，也不管合适不合适。

有人说，建模建得真粗糙。

打印打得真粗糙。

你这东西这么放容易掉下来，砸到孩子和花花草草怎么办？

…………

听到这些质疑的声音，有时候也会影响我的情绪。其实发一个自己做的东西，不是说只想听到称赞，但这至少也是有目的的、有方向的一种表达。说明我喜欢用 Blender 建模，喜欢用 3D 打印机做东西。如果你也喜欢，大家有机会一起交流经验技巧。而不是说，我做了 ×××，你快来批评吧。

而且，很多时候，我发的东西，那就是一个学习的过程。也许做一个托架，可以做成某个经典的样子，人人都觉得好看。但是我今天正好想试验怎么用建模做出一个特定形状，有时候，我在测试打印的零件某个侧面很薄的时候，它的强度和受力是否还够。懂的人，可能留言的时候，马上就可以跟我交流起来。他们可能看得出来我想做什么，可以和我交流他们的经验，看看有没有更好的解决方案。

而更多的人只是觉得找到了一个去质疑的点。

其实在我学习编程，学习写作，学习英语，学习任何一个东西的过程中，都不断地遇到这些人。还是那句话，他们在短期内会对我有影响。而长期看来，那些人不知道去哪里了，也许过得很好。但是我也过得很好，因为我最终没有搭理他们，没有被影响。我只是制订一个自己的目标。

编程我从 12 岁开始上手，一直到今天，写了 31 年代码。一开始就是个爱好，考大学的时候，都没敢报计算机专业（分数也不够），但是我干了 20 年程序员。

写作方面，我从 2002 年开始写 blog，写了 20 年。一开始写作也是爱好，没想过可以靠这个挣钱，不过从 2015 年开始，写作给我挣了不少钱，也是我目前最大的收入来源。

认真自学英语从 30 多岁到现在也有 10 年了，给我带来了无数的好处。

Blender 和 3D 打印我才刚刚开始学习。

我才 43 岁，到 60 岁还有差不多 20 年，到 90 岁还有差不多 50 年，如果能坚持到 90 岁的话，还有无数可以去学，可以挣到钱，可以享受到乐趣的东西。

只比别人好一点，
也有意义

刚才在微博看到一段话，网友说："过去18年经济高速发展，让人形成了'努力就能获得回报'的意识，年轻人总觉得现在'996'，就能有一个更好的未来，就像在牛市里炒股的人，总觉得自己能一直赚钱。然而很多人没意识到我们正处在变化之中，尤其是疫情更加速了变化，高速增长不会永远持续，努力不一定能获得回报。"

他说得对吗？

对的。过去中国的经济发展是一个奇迹，因为在改革开放之前中国穷得一塌糊涂。中国的经济在改革开放以后，摆脱了无数束缚，进入了全球经济大循环。这当然给国人带来了无数的机会，很多人下海，很多人创业发了大财。

但就算是按部就班上班的人，就算是不冒任何风险的人，随着整个经济的高速增长，也过得越来越好了。不努力都有一定的回报，何况是真正努力的人呢。

是的，几十年过去了。我记得小时候，哪里能天天吃水果，我生在天津，长在天津，冬天我们吃的唯一的蔬菜就是大白菜。每年冬天，我们都会买一车大白菜，一车煤，烧一冬天的煤炉，吃一冬天的大白菜。

有一次，我很生气地跟爸爸说，怎么天天都吃大白菜。我爸也很生气，还打了我，他也非常委屈。因为他已经尽力了，今天是炒白菜，明天是白菜猪肉馅的饺子，后天是烧白菜，他想尽办法每天换花样让家人吃得更好，但是他改变不了那个时候，我们冬天只买得到白菜的状况。

而今天，不需要出门，全球各种水果、蔬菜、肉类、海鲜，都可以在手机上点个单，就送到家里。

社会发生了天翻地覆的变化，中国的整体经济成长达到全球前列。

问题是高速增长不会永远持续下去，所以很多人开始有一个疑问，既然"努力就可以超额获得回报"的前提消失了，那么我们还需要努力吗？

是不是你的眼光太高，想得太远

很多人的问题在于他们的眼光太高，想得太远。

他们总在问一个问题，现在阶层固化了，该怎么跨越阶层。换言之，他们并不满足于做公司里面最优秀的员工。他们只想做老板。他们觉得这社会如果没有随时随地完成阶层跨越的机会，就是社会错了。

没错，当社会发展到一定程度，大规模跨越阶层的机会会越来越少。现在全球经济前景不明朗，以前的某些"造富神话"难以轻易复制。

这都是真的。

问题是，你为什么老是看着一些不切实际的目标。

马云现在当然厉害，但是他也有向国家部委推销"中国黄页"被人拒绝的时候。刘强东现在当然厉害，他当年也是从中关村摆光盘摊子开始的。马化腾当然也很厉害，但是他当年也曾想过50万块钱把QQ卖掉。

那些完成了阶层跨越的人，也不是一开始就一步登天的。做一切事情都是有顺序的。

你不可能今天还什么都不会，是公司里面最差的一个程序员，明天就被老板任命为CTO。你总要先写好程序，先让大家都觉得你是公司里面最好的程序员，你总要先从一两个小项目的管理里面积累经验，总要先做出点成绩吧？

是这世界不存在阶层跨越的机会了，还是你根本一点都没努力？

你今天做一个程序员，是公司里面最差的程序员。那么突然之间，你就可以开一家饭馆，让它成为全城最火的饭馆吗？可能吗？

我还是一直承认，机会在不同的时代是不同的。但是每一个时代，都有人发财，都有人获得成功。这是毋庸置疑的。

而对大多数人来说，梦想一夜暴富既不现实，也不安全。

有很多文章写了追踪那些中高额奖金的人的故事，发现后来生活得很幸福的人并不多。有的人钱拿到手就开始挥霍，很快花光了，甚至欠债。钱没有了，消费水平却已经降不下来了，苦不堪言。有的人跟家人朋友彻底决裂，等等。

为什么？因为你连怎么花钱、怎么理财都不知道，就算你突然幸运，你怎么承受呢？

就像很多人做白日梦，自己现在啥都不会，但是老板突然任命他为CTO、市场总监等等。可能吗？也许有可能。但是你有想过吗，如果你从来都没有努力过，真的到了高位，你可以做几天？如果你连一个5人的开发小队都没有管理过，突然让你管理几百人的程序员队伍，你怎么管理？

就算老板疯了任命你做CTO，但是你做得一塌糊涂以后，老板还会让你继续做吗？

只比别人好一点，也许都是有意义的

退一万步说，大机会都没有了。

努力也不会让你改变命运了。

这不由得让我想起一个故事：

几个朋友在森林里遇到了野兽，大家都开始跑，一个人停下来换了跑鞋。另外一个人问他，难道换了跑鞋，野兽就追不上他了吗？他说，野兽追不追得上他不知道，但跑得比同伴快一点应该是能做到的。

所以，你还是应该脚踏实地，不管经济形势好坏，你和家人总要生活。

努力一点，当然不会变成马云。但是比同事家餐桌上多一个馒头也许是可能的。不努力也不至于彻底饿死，但是少个馒头也是应该的。

而有的时候，多一个馒头就多一条命……

在我成长的岁月里，我爸爸曾经做过无数的事情。他和我妈在房前屋后种菜，养猪。他甚至曾经在猪肉供应紧张的年代，跟公司签订合同，帮公司大规模养猪，解决公司猪肉供应问题。他还搞过蘑菇大棚，等等。

很多年后，我曾经问他，我小时候看他折腾了那么多事情，好像我们家也没发财啊。他最后还是靠大国企的死工资退休的。

他说是啊，最早他结婚的时候拉了饥荒，上班之余为还债做了各种事情，还了好多年，从四川来到天津才还完。还完债了以后，做事就是为了改善生活啊，没挣到啥大钱。但是，咱家餐桌上总是有肉，不说钱多少，家里伙食总是周围最好的。

其实，现在想来，这才是一个一家之主，家里的顶梁柱对家庭最大的贡献，一个一辈子没有发大财的人的奋斗史……

放下忧虑，
接纳自己

有朋友在我的知识星球提问："Tinyfool，你好，我想问你，人生如何才能学会接纳和放下？这可能是个很大的课题，但困扰我很久了。"

我一直克制着自己的情绪与行为，但这样的克制更像是自我封闭，让自己变得麻木，一触碰那些能影响我情绪的事物，我就很难绷住。

别人老说我想太多，我也觉得自己可能是想得多，做得少，没吃过什么物质方面的苦，所以不能着眼当下。

下面是我的回答，也分享给大家。

可能跟年龄有关系

一直有一种说法，随着你的年龄的变化，你的性格也会慢慢发生变化。

王小波说："后来我才知道，生活就是个缓慢受锤的过程，人一天天老下去，奢望也一天天消失，最后变得像挨了锤的牛一样。可是我过21岁生日时没有预见到这一点。我觉得自己会永远生猛下去，什么也锤不了我。"

我想王小波主要说的是人被生活折磨，或者说是经验的积累，岁月蹉跎。但是可能也跟激素水平、衰老程度有关系，慢慢地人的性格总会变得平和。

当然也有例外。我最近几年越来越容易接纳和放下，但是我总觉得心里有些东西没有变过。性格也确实变了，变得不那么在乎了。不敢在乎，也不能在乎了。

但是我总相信，如果你愿意，你既可以活得更年轻，就是永远保持热情，对世界充满希望；也可以活得更成熟，就是不在乎那些无关紧要的东西，聚焦在最重要的让你充满激情的东西上，不那么容易被激怒，也不那么容易放不下。

也许是因为太闲了

其实现代人的种种心理问题，可能恰恰因为现代人比古人更闲。古人每个白天都疲于奔命，晚上不见得舍得用油灯和蜡烛。所以每天没有那么多时间用来思考人生，因此虽然古人也有心理问题，但是没那么严重。

而现代人在科技的帮助下，其实越来越闲了，所以，越来越喜欢胡思乱想。很多时候，我们知道自己想得太多，就像你也说你觉得自己想得太多，但是我们还是会想得太多。问题是人不是完美的动物，人确实是会胡思乱想的。

所以你需要克制自己，在知道自己开始多想的时候克制自己。

但是更重要的是找到其他的激情所在。如果你像我一样，最近几乎每两天都能写一篇长文，都要学习一个小时的日语，都要写几百行代码，都想出去遛个几公里，你很难在错误的问题上想太多。

就像我以前说过的，如果你沉迷微博、抖音等，也许不是因为你是一个纯粹的容易分心的人，而是因为你生活中有太多的无聊时间需要被填满。而当你无数次用微博、抖音去填满你的生活以后，它们就成了习惯，会反过来塑造你的情绪，你的心情，让你的关注点变得游移。

而解决方法不是戒掉什么，因为戒掉微博，还有抖音；不玩抖音了，还可以打麻将；不打麻将了，通宵看电视也没啥好处。问题不在于某一个让人上瘾的因素，而在于你感到空虚，你需要被无聊的爱好填满。

所以，还是要找到其他健康的、积极的、能对未来有长期影响的激情所在。

所以，我刚才描述了我作为一个自由职业者比上班还要辛苦的工作安排。然而，我没时间看电视吗？当然还是有的。不过因为我很充实，看电视或者任何其他爱好，不会让我上瘾，不会影响我的休息和精神状态。

就像我们以前说过的，失恋最好的解决方法是投入一场新的恋情，一旦有了新恋情，你就没有时间去思考失恋的问题了，问题自然就解决了。

学会节约时间

当然，需要节约时间的前提是你的激情所在已经占据了你的时间。如果你倍感空虚，节约时间只会给你带来更多的空虚。所以，先找到自己的激情所在。

啥叫节约时间呢？

比如我以前会在微博上浪费很多时间。我觉得有人评论我的微博，我就有义务回复。而有的人的价值观跟我差异很大，我想说服他们，就会花很多的时间去跟他们争吵。

后来，我发觉这非常浪费时间，而且影响心情，我就开始克制自己去回复那些有争议性的问题。我发现节约了很多时间，而且改善了心情。

但是还有很多非常恶心的评论，我就截图发出来。我后来发现这仍旧浪费了我的时间。

于是我就不发了，直接把他们删掉。

如果不是特别恶毒的咒骂我连拉黑都不拉黑，直接删掉。

为啥，因为我发现，那些让我不快的留言者不值得我关注。他们很多时候，连说话都说不清楚。我一旦回复了他们，就浪费了时间。我觉得我的时间很宝贵，我不需要去搭理他们，我站在道德高地上面蔑视他们，所以不理他们，由他们去吧。

就像我以前也像很多人一样喜欢在人行横道上抢跑。后来，我想明白了，我觉得我自己很有价值，如果一个司机撞伤我，或者撞死我，我就太不值了。我甚至遇上绿灯都让着司机，我不希望我宝贵的生命有一点点损失。

节约时间从自重开始，觉得自己很重要，觉得自己的时间很重要。

于是回到前面讲的，只关注自己的激情所在，而不是 anything（任何事）。这样外界的干扰就会对你影响越来越小，越来越小，你就可以继续专注于自身的成长。

而在心理上道理是一样的，只有你自重，核心关注在自己身上，接纳和放下才会变得容易。

如果有人捅了你一刀子，你当时一定会感到疼痛，但是等到伤疤好了，愈合了，生理问题解决了，你心情问题不解决的话，还想着那一刀子，那么你就持续地受到伤害。

外界对我们的伤害都是这样的，当时看来是短暂的，刀子拔出去伤口就开始愈合。而对心理的伤害往往是我们自己不肯愈合造成的。

想清楚了这些，就要学会遗忘，不是因为脑子不好记不住，而是因为这世界有太多美好的东西需要去记住，有太多有意义的事情要做，没时间去回想，也不必回想。

积累比坚持
更重要

有个小伙子跟我说："Tiny 叔，你太厉害了，天天不停刷微博，还可以做这么多事情。我就不行，我现在天天沉迷于微博，什么事情都做不了。我要彻底戒掉微博，努力学习了。"

这段话听起来熟悉吗？你说过类似的话吗？你听过小伙伴说过类似的话吗？我其实听过不止一个年轻人说这样的话，说完以后，有些人过了几天就继续以刷微博为业了，但是有些人真的戒除了微博。然后呢？然后这些成功戒除的人里面，有人做成点什么事情了吗？抱歉，我还没遇到。

我提倡思考的原因就在于此。有很多人忙，但是把生活和工作忙成了一锅粥，并没有因为自己忙而取得啥成就。原因何在，在于他不明白他忙是因为他总是不能停下来提升自己的效率，不能改进自己的问题，所以忙只是给自己添乱而已，越忙越乱，越乱越忙。

而所有沉迷于任何一种坏习惯的人，最大的问题不是沉迷，而是没有真正值得做的事情。做事情没有激情，没有动力，自然而然就会陷入无聊之中，当你无所事事的时候，当然会沉迷在某些东西里面。你以为问题在于微博，戒掉微博以后，节约的时间会去哪里呢？还不是去看一些不见得比微博好到哪里去的电视剧吗？

之前，我买了一个PS3，一开始在家里玩《刺客信条4：黑旗》。那正是我开始走路锻炼身体的日子，玩了几天，我发现天天在家里玩游戏的话，运动量就没有办法保证，身体也不舒服。我就开始恢复锻炼计划，转眼间几个月过去，我发现，我都忘了我买了一个PS3。后来身体好了一些以后，我刻意地减少了一些运动时间，又捡起来PS3玩了几次《GTA5》，也是没玩多久，我发现我沉浸在一个项目里面，又忘了自己有一台PS3了。

我每天都在刷微博，要是论在线时长，我在国内可能都排在前几名。但是这不耽误我运营我的公司，不耽误我做我的项目，不耽误我减肥减了20千克（在2013～2014年），不耽误我在微信公众号写文章，不耽误我每天看一个TED无字幕视频，学20～30分钟日语，不耽误我每天用Quora，不耽误我做一切的事情。其实不仅刷微博，我还在玩《部落冲突》，每天都会玩一会儿。我每天都会看美剧消遣（当然也可以算作学习），有时候，我会看很多电影。

为什么不耽误呢？因为我想做的事情一定为先，娱乐一定为后。

想做的事情跟我娱乐的事情一样，我对它们都很有激情，都很喜欢。

我跟一个学弟聊天，他工作性质特殊，出海上平台工作 28 天，回到陆地休息 28 天。我跟他说："你这样的生活，有非常大的好处，你有非常多整块的业余时间可以利用，利用好了效果惊人。但是，你这样生活因为收入很高，所以，机会很容易默默地飘走，过 5 年、10 年没有变化也很容易。"

世人皆说坚持，但是我不喜欢说坚持。你可以坚持工作 10 年，不学习的话，也叫坚持了。你可以 10 年不上微博，但是仍旧一事无成。我们要看的是积累。

什么是积累呢？

坚持就是你昨天走了 5000 步，今天仍旧走 5000 步，积累就是昨天走了 5000 步，今天一定要走 5001 步，明天要走 5002 步。你的生命中有价值的时光，就是你积累的时间，或者说，你坚持让你自己进步和有变化的时光。如果你有了这样的标尺，你每天都玩 5 个小时游戏，每天都狂刷微博，你的人生也不会荒废，因为你知道自己没有原地踏步。

持续成长，
内心平静

　　我写的东西一直被人叫作鸡汤，我也把自己的文章说成鸡汤。这是因为很难描述这样的东西是什么，国外的书籍分类里面有一个分类叫作 Self-Help（自助），我觉得这个词不错，比较像我想写的东西，因为我不相信我可以帮你多少，我相信最终可以帮助你的一定是你自己。我乐于做催化剂，就像我催化了我前妻、我的 CTO，以及我身边一些有前途的年轻人。催化剂是对我的作用最好的描述，因为我不会帮你去看书，不会帮你去解决实际的问题，不会帮你去应对你的老板、你的仇敌、你的父母和你自己。我只会告诉你，这些事情有时候确实很麻烦，但是，你能怎么样？你逃避一辈子也没有用，不是迟早要去面对吗？

　　而中文意义里面常见的鸡汤不是很像我在写的东西。因为我并不相信逆袭，不相信你的金光大道就是当上总经理，走上人生巅峰，迎娶"白富美"。当然，我也不是那种视金钱如粪土的人。金钱当然是好东西；当上总经理，当然比吊儿郎当过一辈子好；"白富美"当然好过"黑穷丑"。但是，什么是最重要的东西呢?

我认为是持续成长和内心平静。

先说持续成长。这个社会还在剧烈地变化中，你一定会在相当长的一个历史阶段里，看到各种暴富的神话。如果你觉得钱多才是唯一的成功标准的话，你很难获得幸福。就算你开了一家年利润过千万元的公司，也有人可以走过来悠悠地告诉你，他的黑卡一次可以刷上千万元。

但是，我们也不能没有目标。目标应该是一个永远都可以接近，但是永远不能触及的东西。

如果目标太近，达到了你就沉沦了，这个时代有太多沉沦的故事，原因就在于此。我们的父辈经历了太多的困苦，所以在我们的教育里面潜移默化地告诉我们吃饱穿暖最重要，这在 10 ~ 20 年前确实如此。可是在今天，吃饱穿暖真的很难吗? 于是很多人没有了方向。2003 ~ 2004 年的时候，我在北京的西二旗上班，住在公司东北旺的宿舍。每天我们这些外地来的 IT 民工上午 10 ~ 11 点钟走在上班路上的时候，都会看到路边的一块空地上有些人在撸串喝酒，那是东北旺那些房子的主人。附近的 IT 公司越来越多，当地人把房子都租出来以后，他们迅速吃饱穿暖，不需要工作，靠房租就可以活得很好。我有时候也很羡慕他们的悠闲，但是有时候会觉得，那样活着已经接近死去了。

目标太远就无法停歇。我有一个朋友家境并不好，去北京的时候最大的梦想就是买一套房子，经过了很多年的努力，他终于买了两套房子，实际上他还住在出租屋里面，尽管他收入已经不低了，但是压力仍旧很大。有一次，他给我打电话诉苦，说最近工作很辛苦，想退休算了。不过过了几天，他又跟我说想了想还是要继续工作。后来有段时间他感情上出了些小问题，也很痛苦。我跟他认识很久，非常了解他。有一次，我就开导他说："我知道你很努力，我知道你很有想法。但是，我觉得你的很多痛苦和不快乐都来自你自己。你之前不满足于自己的境遇，这成了你成长的动力，但是，你前进了这么久以后，要学会把目标从实际的钱数转换成一个前进的方向。首先接受自己的现状，先知足，然后再继续前进。你成长的目的是什么？真的是金钱吗？不应该是生活幸福本身吗？当金钱这个目标影响了你的幸福本身的时候，你应该想清楚孰轻孰重。"

美国有一些非常成功的企业家，可以给我们指引一个方向。最典型的是特斯拉的老板埃隆·马斯克，他是Paypal（贝宝）的创始人之一。对一般人来说，开创了类似Paypal这样的企业，应该死而无憾了，得到的现金回报也够一个人非常奢侈地度过一生了。为什么他还要去创立特斯拉和SpaceX（太空探索技术公司）呢？其实人生并不只有一座山峰，而是一座座的山峰，你当然可以征服一座高山后休息，但是你也可以一座一座地去征服，根本没有尽头。

一般人喜欢谈你现在站在哪一个高度，这是因为他站在了静止的角度去看世界。我喜欢从你向上爬升的速度去看，如果你速度足够快，你迟早可以超越每一个高度。

在我认真学英语的过程中，我不断地去展示自己并不好的口语，自己写的并不通顺的句子。经常有人不理解，甚至嘲笑，确实，这里面有很多人可能比我当时的英语水平高，但他们只是在那一个时刻就我们的英语水平一较高下。一年后，我在公开场合做了一次全英文的演讲。后来，我开始看全英文的书。再后来，我开始在 Quora 上回答问题，一开始没有人点赞，或者点赞的人寥寥无几，但是现在我已经写过收获几百个赞的回答了。我在持续地变化，那些之前嘲笑我的人就开始慢慢地变得可笑了。这就是持续成长的力量。

持续成长才是我们应该有的目标，因为它比任何目标都谦卑，每个人都可以拥有它，实现它；同时它也比任何目标都伟大，每一个持续成长的人都没有尽头，无法被阻挡。

再说内心平静。我们正在从一个匮乏社会向一个充沛社会转变。也就是说，最大的矛盾从吃饱穿暖变成精神追求方面。一个人如果吃饱穿暖了还不幸福，那问题出在哪里呢？当然是内心不快乐了。

我们已经没有那么大的生活压力了，大多数人可以轻松地活下来。这个时候，你是不是应该多想想，怎么让你自己的内心得到快乐呢？

即使从功利的角度去看，在这个时代，如果你能顺从你的内心，你可能做出来更伟大的东西，从而获得更好的物质回报。

这个时代在剧烈地变化，但是，造成很多人困惑、迷惘和不幸的，不是变化本身，而是不明白如何应对变化。社会意识和思想的进化速度总是慢于社会本身的进化速度，这就会造成思维方式和现实状态之间的扭曲。我们需要做的是积极应对改变，用学习来对抗变化，保持年轻和积极的心态。

但是同时，我们又需要保持基本价值观和个人性格取向的不变来应对万变，从而获得内心的平静和满足。

沿着一个既定的方向，
慢慢来

　　我在心情和境遇最差的时候，不得不静思人生，感觉人生是那么的苍凉。我那时候公司濒临破产，人也胖得不行，身体快垮了，有几天连吃盐都吃不到味道，悲观得要命，抑郁得不成。但正像弹簧唯有被压到最低的时候，才能得到最大的弹力，我也只有当心如死灰的时候，才真正地反思人生。

　　我当时 130 千克。

　　小学前，我非常调皮，所以也不怎么胖，但是上了小学，尤其是三年级以后，人生忧患识字始，我喜欢上了读书，从此就变成一个完全能沉浸在自己世界里面的人，加上我老爹当年的手艺了得，我就慢慢地变成了一个小胖子。

　　高中的时候，我身高 178.8 厘米，体重 80 千克，虽然也很胖，但还算过得去。那时候我超喜欢打篮球，每天除了上课、吃饭、睡觉，就是在宿舍门口的篮球场上流汗。

高考那年我考得有点差，一开始估分的时候，估计自己过不了本科线，所以那个假期前半部分过得有点阴郁，父母偶尔会叹气，我只是窝在家里玩电脑，不敢出门，不敢造次，每天轻声细语。

后来分数线下来，成绩虽然不好，但是过了本科线，还上了西南石油学院（跟我父亲单位对口，当时觉得是很好的选择）。虽然不是重点大学，但至少父母心里一块石头落地了，那之后我就活得非常欢快，不过仍旧窝在家里玩电脑。父母时不时就做点扣肉、红烧肉来犒劳我，那一个假期过后，我的体重长到了105千克。

大学四年，我更钟爱电脑，甚至连上课都没怎么去。篮球也打得少了，因为宿舍离篮球场有点远，也因为打篮球打碎了好几副眼镜，也许还因为大学比高中大多了，不是总能遇到相熟的人一起打球。那几年，我的腋下和脖子后边很黑，我以为是洗澡没洗好，现在看来那时候糖尿病的早期征兆就已经出现，胰腺已经受损了。大学四年后，我的体重长到了115千克。

毕业后，工作单位里面同事关系不错，人人都喜欢我，也没有人在乎我是个胖子，产线上的工人对我也很客气，郝工前郝工后地叫来叫去。2～3年后，我的体重长到了130千克。

之后的很多年，最多到过135千克，那时候我认识了我前妻，瘦到120千克，再后来增增减减，到了130千克。

写这么一堆是在说，身上的肉和自己的困境都一样，不是一天之内降临的，也是慢慢积累的。所以，那时候痛定思痛，我想解决我的一切问题，但方法是不着急，沿着一个既定的方向慢慢来。

所以那一年，我开始走路锻炼，调整饮食，短短两个月减了 20 千克，把自己吓了一跳，强迫自己 slow down（慢下来）。（后来又有些波折，2014 年 10 月又反弹了 5 千克。）

如果你有心，一切都是体会，一切都是感悟，一切都是成长。

我确实是要减肥，我的目标是 110 千克→100 千克→90 千克→80 千克→70 千克，一个阶段一个阶段地来。但是更重要的是，我们需要抵抗衰老，对我来说，回到 105 千克就回到了大学时代，回到 90 千克就回到了高中时代。

而对每一个人来说，也许你们不胖。但人生本是逆水行舟，当你停止前进的时候，你就老了，你就死了。

就像我的微信公众号一样，更新它的目的是什么？它可以给我挣很多钱？它可以给我带来很多满足感？对的。不过更多的是，更新它以及做很多麻烦、不麻烦的事情，让我感觉我活着，我没有老去，永远不死。

疼痛有时候
也是一种成长

大前天买的车，前天骑了 36 公里，其实我之前在上海也买过一辆车（后来不慎丢失），最多骑过 40 多公里。不过我前天比较注意速度，骑的时候保持时速在 20 公里以上，再加上我很久没有骑车了，所以骑完了就觉得胳膊很疼，而屁股更是疼得要死。

昨天炒菜的时候没发现什么，但是出锅的时候我发现单手提锅都有点拿不住了，坐在我超贵的 Herman Miller（赫曼·米勒）Embody 座椅上面，屁股不觉得疼，但是坐在任何其他地方——地铁、公园的长椅上都觉得很疼。到了今天早晨发现腿也有点疼了。

这不由得让我想起很多年前，我第一次跑步锻炼的时候，跑完了也是浑身疼，然后就恨上了跑步，虽然有人跟我讲过这样的疼痛其实是肌肉在生长的正常现象。

疼痛是人最重要的感觉，如果没有疼痛感，你就会肆无忌惮地追求风险，就算浑身是伤，即将死亡也不知道。疼痛也是人最不好的一种感觉，因为有时候，那些疼痛让我们以为有些成长也是坏的，就像有些药是苦的一样。

但是，人跟其他动物的区别在于，人是有意识的，人能了解自己，从而超越自己。从直觉上，任何一种疼痛都是不好的，都是要躲避的，但是人可以超越自己的直觉去追求一种疼痛，把疼痛变成一种快感，变成一种体验，从而获得成长。

很多人都在谈论《异类》这本书，都在反复地谈1万小时到底够不够，但是，那本书谈的其实不是普通的1万小时，毕竟有那么多干够1万小时而毫无成就的人。那本书谈的1万小时是不断突破舒适区的1万小时。

听着很难理解，啥叫突破舒适区？其实很简单，就是你感到疼痛的时候。如果你可以轻松爬5层楼，那么爬6层楼也许你会开始大喘气，7层楼也许就会累了。那么5层楼就是你的舒适区，你每天都爬5层楼的话，就是坚持。而每天都试图多爬一层楼，就是成长。

而成长都是有疼痛感的。

我不是在谈锻炼身体，我是在谈人生。

到了今天，我会10多种编程语言，在三大主流桌面操作系统Windows/Mac OS/Linux上都开发过很多程序。但是一开始呢？我是从学习机的Basic手册开始学编程的。不懂什么是常量，什么是变量，不懂什么是子程序，什么是循环。痛苦吗？痛苦。怎么学下来的呢？一遍看不懂，看第二遍，第二遍看不懂看第三遍……

有太多的人在学校教育的重压下可以学会任何困难的东西，但是自学的时候就非常娇气，一遍看不懂就会放弃。

然而，哪里会有那么容易的成长？

到了今天，我已经开始喜欢忍受某些疼痛。所以，我去学日语，瞬间把自己变成了一个傻子，到现在为止，我连句完整的日本话都说不好。每次重复教程里面的一个长句都痛苦得要死，需要听好几遍，自己说上六七遍才能说对。

所以我重新开始学画画，所以我去骑自行车，所以我去走路，所以……

爱上成长，就是爱上那种疼痛，爱上那种感觉，觉得自己一往无前，不可阻挡……

坚持本心，
不要惧怕任何改变

前两天我看了《神偷奶爸》，毫不意外地看哭了，我有女儿，我知道当一个美丽的小家伙跟你撒娇的时候，你是没有任何抵抗力的。但是，我仍旧被电影所深深感动。电影里面的格鲁本来是一个超级大坏蛋，以为自己只喜欢做坏事，但是内心柔软的部分从来没有真正消失，只是被自己坚硬的壳隐藏了起来，直到有了人性的温暖，有了亲情的浇灌，才迅速生根发芽成长。

我活到 33 岁的时候，突然觉得在此之前的人生，是我在生活和环境的压力下挣扎，一点点失去本心的过程，而这两年，慢慢地我觉得最珍贵不过的就是随心随性而动，坚持本我，坚持自己喜欢的东西，坚持和捍卫自己的生活方式，追寻自己内心的快乐。

在成长的过程中，我们都一边追寻着改变，一边畏惧着改变。因为我们常常不知道哪些改变是好事，哪些改变是坏事。我在听一个英语 Podcast 的时候，里面有一个苹果当年的资深工程师，他谈到因为自己工作做得越来越好，他被提拔去管理整个项目，一方面很有成就感，觉得自己可以对苹果的产品有更大的影响，另外一方面他深感无力，深感不安，因为代码越写越少。

类似的感觉我也有过，曾经有人在微博质问我，号称中国著名iOS开发者，我到底写了多少代码。我只能汗颜地说，虽然公司的项目越来越厉害，但是代码我写得越来越少。而到了最近一年，更有人说，这个人彻底废了，已经不会写代码了，只会写一些忽悠人的鸡汤。

唉。

心忧？何求？

核心问题还是回到本心去定义自己。

做什么样的事情，可以给你最大的快乐？做什么样的事情，才能让你感到你在活着？

我父亲15岁当兵时学会了抽烟，在我的少年时代，他一天至少抽两包烟。我非常反感他抽烟，也正因为如此，我一生从来不抽烟，连碰都不曾碰过。家里的帘子、沙发套等曾经到处都是他抽烟烧的小洞，我曾经以为他这一辈子都会一直抽下去。直到有一天，不知道是因为身体，还是因为其他的考虑，他下定决心戒烟，从此，我就再也没有见他抽过烟。

我从小学就开始喝酒，一开始是逢年过节，大人开玩笑用筷子蘸酒给我尝尝。后来，因为家里的酒柜就在我的卧室，我监守自盗，某一年，居然喝光了家里的全部藏酒，父母等到临近春节盘点年货时才发现。前几年我得糖尿病后，发现喝酒症状会加剧，就决心戒酒，连啤酒也不再喝。如今已经好几年了，从未破戒。

很多时候，我们会以为，一些微不足道的习惯定义了我们。这实在是大大地低估了人类的伟大。定义我们的永远是我们的本心，是我们对这个世界的看法，是我们希望留给这个世界的精神遗产。

这时代太容易吃饱穿暖，所以也就太容易沉沦，让人变成每日只知酒足饭饱的废物。

我们需要对抗衰老，对抗无聊，对抗自己的懒惰和沉沦。

所有父母都希望孩子好好学习，找到一个好工作，然后安稳一生。在这个时代，吃饱穿暖太容易，但是安稳不易。这个时代变化得太快了。我觉得更幸福的模式不是找到一个好工作安稳一生，而是学会不停地改善自己、挑战自己的方法，然后用前进迎接这个世界上一切的改变，永远都站在风口浪尖上，直面前路。实际上风险更小，也更加快乐。

真正厉害的人，
会找到属于自己的路

写这个话题，是因为之前有人问我，说他公司里面有很多人炒股，老板也在炒股，之前赚了很多钱。他并不喜欢炒股，但是经常犹豫要不要去炒股，觉得不去炒股的话，就跟财富擦肩而过了。

这种心态其实非常常见。我很喜欢逛上海的淮海路，经常可以看到一辆辆超级跑车在身边缓行，虽然我嘲笑他们在拥挤的淮海路根本提不起速度，还没有我步行快。但是我知道，那些车有的价值一两百万元，有的车甚至价值七百万元，我在上海连一套两三百万元的房子都买不起，但是，人家开着玩的车是一辆法拉利，是一辆玛莎拉蒂。你说我真没有眼馋过吗？才不是，我每次都是强忍着口水继续前行的。

我是 1994 年上的高中，2014 年 8 月，我的高中同学搞了一个青春 20 年的大聚会，全班 40 多人，那天到了三十七八个的样子。在高中和我关系最好的同桌没来（一个我一直暗恋的女同学），但是和我玩得好的男生，以及其他我非常喜欢的女同学都来了。无限唏嘘，我们坐满了两张大桌子，大多数人大学毕业以后，回到了我们父母的单位，其他人也至少都在石油系统里面。我是非常另类的一个，大学毕业在天津干了 3 年网管，后来在北京做了 7 年程序员，再后来在上海待着。我的同学们大多数很早就买房买车，很早结婚了。

只有我，一次次离开熟悉的环境，在外面漂泊，每换一个城市，对我最大的伤害就是有一些关系非常好的朋友不能经常见到了。认识了一堆好朋友，然后慢慢地远离，虽然心中仍旧互有牵挂，但是慢慢地走出了彼此的生命。

你说这些年来，对自己的人生选择、奋斗路径，我从来都没有过怀疑吗？当然不是。那次同学大聚会，是我心情最沉重的一次，所有我儿时最好的朋友都在一桌，他们很多人大学毕业后继续一起成长，一起在半夜喝酒撸串，而我一次次地出发，一次次地远离。大多数的朋友，都走了相对平稳的一生，进入一个比较稳定的大国企，一点点地奋斗。只有我，这么多年来，换了无数的 location（位置），换了无数的工作。

聚会完了以后，很多天我都沉浸在这种情绪里，就像游戏过半，突然发现自己选了一条剧情分支，但是看到了另外一条剧情分支的美好。

后来，我想起了我大学里最苦闷的那几天。那时候，我因为非常喜欢研究电脑，不喜欢上我自己的专业课，经常旷课。结果在大三的下学期，我挂了 11 门课。老师打电话把我父母叫来了，我父母来了学校，感到非常丢脸。但是他们最后还是很宽容，原谅了我，帮助我跟老师求情，帮我找了一些关系，最后把这个问题解决了。他们走后的一天，我躺在宿舍黏糊糊的凉席上思考人生。先是无限懊悔，然后我复盘，我到底能不能把那些专业课学好。我想来想去，觉得不可能。在那天，我发觉，我就是喜欢写程序，不管有什么困难，有什么诱惑，都改变不了我喜欢的东西，我可以应付大学学业一直到毕业，但是，我改变不了我内心的想法。我选择跟随自己的内心，一直至今。

后来毕业的时候，我又陷入了苦闷之中，我是先回父亲的单位，有份稳定的工作，然后业余做自己喜欢的事情呢，还是直接去找份自己喜欢的工作？因为这种犹豫和纠结，毕业以后，我在家里啃了 3 个月的老，父母问我去找什么工作，我说我还在想。直到有一天，我母亲用扫把把我打了一顿，赶我去找工作。我才准备了一份简历，找到了一个网管的工作，就因为当时招聘我的人事经理说，网管也需要写程序。我为了做想做的事情，愿意趴在别人的桌子底下，把他们用脚不小心踢掉的网线插上。

其实，我一直都不是一个内心很强大的人。但是好在随着年龄和阅历的增长，我觉得我的内心越来越强大。我经历过无数次忧郁和纠结，但是，慢慢地，我觉得这些都是在浪费生命，我们应该做的就是去做自己喜欢做的事情，做自己擅长的事情，做自己有激情，可以让自己快乐的事情。一切其他的东西都不重要。

这世界上有无数的路，哪一条路都可以通向成功、幸福和快乐，关键是找到自己的路，别人走什么路，跟你并没有什么关系，核心问题是坚定地、大步地前进。

每个人都是 broken（破碎）的

我很喜欢一个乐队 Linkin Park（林肯公园），有一首我很喜欢的歌"The Catalyst"（《催化剂》），其中一句是这么唱的："God bless us everyone, We're a broken people living under loaded gun."大致可以译成："上帝保佑我们每一个人，我们是破碎的人，活在装满弹药的枪口之下。"

西方在基督教信仰的影响下，认为每个人生来都是有原罪的。相比上帝来说，每个人都是不完美的。任何觉得自己全知全能的人，都是在 play god（扮演上帝）。由这样的思想出发，他们衍生出了很多价值观上的思考。

比如，美剧里面有大量罗宾汉式的英雄角色，当然，在现代戏剧的包装下，这类英雄形象已经很难让人想起罗宾汉了，实际上，义警、超级英雄、不循规蹈矩的警察等，都是接近罗宾汉式的人物。罗宾汉式的故事主题是讲述在政府下辖的执法力量因为无能或腐败不能维持社会公平正义，甚至本身就沦为社会公平正义的敌人的前提下，有正义感的人应该如何行事。

然而这类戏剧在歌颂这样的人物的同时，另一个不停探讨的话题就是，这样的英雄人物会不会因为能力和权力而膨胀，从而走向正义的反面，或者因为自大和傲慢，错误地伤害了无辜民众。最终，这样的话题都回到一个原始的母题，那就是凡人皆不完美，不要play god。如果你刚刚看完了《复仇者联盟2》，你就会发现在电影中钢铁侠犯了一个 play god 式的错误。

中国哲学里面跟这比较类似的是性恶论，但性恶论只是从本性出发，比较接近原罪说，没有太多探讨人的不完美性以及权力令人膨胀的理论。这跟我们长期的一种皇权体系有关系，在皇权体系下，皇帝就是完人，是必须歌颂的完人。在我们的哲学体系、大众思想里，缺乏人皆不完美的价值观，反之我们有圣人价值观。圣人价值观积极的一面是，人人皆可为尧舜；消极的一面是，无法认识到即使是尧舜也可能是有问题的。

从人皆不完美出发，就很容易得出结论，不能相信个体的人，不管是超人，还是钢铁侠，不管是美国总统，还是硅谷的创业英雄。从而可以得出结论，在人以外，需要监督，需要机制。

我们今天不过多地谈这一哲学思想对政治的影响。反之，按照本书的基调，我们谈谈这一哲学思想对个人的影响。

相信人皆不完美，对我们个人修养的价值在于：

对他人宽容

当你知道人皆不完美以后，就应该理解"没有一个人是完美的，我们不应该以完美去要求人"，应该对他人抱有足够的宽容，要从发展的角度看他人。人皆不完美，如果一个人可以持续改进他的错误，虽然他仍旧不完美，但是他在不断趋近完美，这已经非常难得了。

对己宽容

很多时候，我们对自己更加苛刻。慢慢地形成一种错误的对自己的预期，对自己预期越高，越难以实现，越容易产生自暴自弃的情绪。结果是，看起来要求很高，但实际上是放弃了对让自己变得完美的追求。

明白人皆不完美以后，就可以从发展的角度来看自己。首先，我们需要承认，在当下我们并不是全知全能的，我们有问题，我们有困惑。然后，我们可以根据自己的具体处境，去设计合理的目标、步骤和方法。

过于求全，容易急躁。先承认现状，然后慢慢改进，才能平静地追求持续稳定的改进。

追求内心平静

你从来都不孤独，你遭遇的一切困难，都有人曾经遭遇过，大家都不完美。一方面，让我们明白，世人皆有压力，皆有痛苦，不是我们独有的。另一方面，让我们明白，一切可以脱颖而出的人，都需要付出努力，没有白来的好处。

你是在那里怨天尤人，慨叹自己的不完美呢，还是前行一步，从改变自己开始，一点点地逼近完美呢？

还是那句话，选择总在你自己。

图书在版编目（CIP）数据

松弛感 / 郝培强著 . —— 长沙：湖南文艺出版社，2023.3

ISBN 978-7-5726-0056-2

Ⅰ .①松… Ⅱ .①郝… Ⅲ .①成功心理—通俗读物 Ⅳ .① B848.4-49

中国国家版本馆 CIP 数据核字（2023）第 026653 号

上架建议：成功·励志

SONGCHI GAN
松弛感

著　者：郝培强
出 版 人：陈新文
责任编辑：匡杨乐
监　制：毛闽峰
策划编辑：张若琳　颜若寒
特约编辑：赵志华
营销编辑：刘　珣　焦亚楠
装帧设计：潘雪琴
封面插图：yolly-z
出　版：湖南文艺出版社
　　　　（长沙市雨花区东二环一段 508 号　邮编：410014）
网　址：www.hnwy.net
印　刷：天津丰富彩艺印刷有限公司
经　销：新华书店
开　本：875 mm × 1230 mm　1/32
字　数：156 千字
印　张：8
版　次：2023 年 3 月第 1 版
印　次：2023 年 3 月第 1 次印刷
书　号：ISBN 978-7-5726-0056-2
定　价：49.80 元

若有质量问题，请致电质量监督电话：010-59096394
团购电话：010-59320018